装配式建筑建造系列教材

装配式建筑构件吊装技术

主　编　王颖佳　付盛忠　王　靖

副主编　王　捷　沈　建

参　编　赵顺峰

主　审　范幸义

西南交通大学出版社

·成都·

图书在版编目（CIP）数据

装配式建筑构件吊装技术 / 王颖佳，付盛忠，王靖
主编. —成都：西南交通大学出版社，2019.9
装配式建筑建造系列教材
ISBN 978-7-5643-7113-5

Ⅰ. ①装… Ⅱ. ①王… ②付… ③王… Ⅲ. ①建筑工
程 – 装配式构件 – 建筑安装 – 高等学校 – 教材 Ⅳ.
①TU758

中国版本图书馆 CIP 数据核字（2019）第 194149 号

装配式建筑建造系列教材

Zhuangpeishi Jianzhu Goujian Diaozhuang Jishu

装配式建筑构件吊装技术

责任编辑／姜锡伟

主　编／王颖佳　付盛忠　王　靖　　助理编辑／王同晓

封面设计／吴　兵

西南交通大学出版社出版发行

（四川省成都市金牛区二环路北一段 111 号西南交通大学创新大厦 21 楼　610031）
发行部电话：028-87600564　028-87600533
网址：http://www.xnjdcbs.com
印刷：成都中永印务有限责任公司

成品尺寸　185 mm×260 mm
印张　10.25　　字数　256 千
版次　2019 年 9 月第 1 版　　印次　2019 年 9 月第 1 次

书号　ISBN 978-7-5643-7113-5
定价　32.00 元

前　言

随着建筑行业转型、升级发展，建筑产业现代化发展的新形势下，为实现建筑四个现代化：建筑信息化（BIM、VR 技术）、建筑工业化（装配式建筑）、建筑智能化（测量机器人和测量无人机）、建筑网络化（基于互联网＋手机 APP 施工质量控制）目标，土木建筑类相应专业将进行专业结构调整，专业转型、升级以适应现代建筑产业化发展的需要。

为加强建筑工程人员，教师及相关专业的学生的建筑转型、升级，建筑产业现代化发展的新观念，满足装配式施工企业人才需求，本书围绕装配式建筑的构件吊装施工技术进行讲解，力图使学生或工程技术人员通过本书的学习能够对装配式建筑的吊装技术有一个基本的认知，熟悉装配式构件吊装常用的机具设备、吊装安全操作规程等。

本书可作为职业教育高校学生的教材，同时也为装配式建筑的各专业的工程技术人员提供较全面的参考。

本教材的第 1 章由重庆房地产职业学院对外合作处处长王靖编写；第 2 章由重庆房地产职业学院土木工程学院的王捷教师编写；第 3 章、第 4 章和第 5 章由重庆房地产职业学院土木工程学院的王颖佳教师及贵州城市职院学院的付盛忠教师共同编写。全书由重庆房地产职业学院土木工程学院的王颖佳教师统稿，由重庆房地产职业学院土木工程学院院长范幸义主审。

本书编写过程中听取和采纳了深圳立得屋住宅科技有限公司的赵顺峰工程师的意见，在此，谨向他表示衷心的感谢！此外，在编写过程中，编者参阅了大量参考文献，在此对原作者表示感谢。由于编者的水平有限，书中的错误和疏漏在所难免，敬请读者凉解，恳请读者批评指正。

编　者

2018 年 5 月

目　录

1 装配式建筑常用吊装机具设备

1.1 钢丝绳及其附件

1.1.1 钢丝绳

（1）概　述

① 钢丝绳的用途。

钢丝绳（图 1-1）是吊装机械的重要零件之一，它具有强度高、自重轻、弹性大、韧性好、耐磨、耐冲击、在高速下运行平稳且噪声小、极少突然断裂、安全可靠等优点，而被广泛用在起重机的起升机构，也用于变幅机构、牵引机构中，有时也用于回转机构。此外，钢丝绳还用作桅杆起重机的桅杆张紧绳、缆索起重机与架空索道的支承绳以及捆扎物品。

起重吊装作业中常用钢丝绳为多股钢丝绳，由多个绳股围绕一根绳芯捻制而成。大型吊装工程中应采用国家标准《重要用途钢丝绳》（GB 8918—2006）标准规定的钢丝绳，一般吊装工程中应采用《一般用途钢丝绳》（GB/T 20118—2006）标准规定的钢丝绳。

图 1-1　钢丝绳

② 钢丝绳的材料。

钢丝绳的钢丝要求有很高的强度与韧性，通常由含碳量 0.5% ~ 0.8%的优质碳素钢制成，含硫、磷量都不大于 0.03%。

优质钢锭通过热轧制成直径约为 6 mm 的圆钢，然后经过冷拔工艺将直径减到所需尺寸（通常为 0.5 ~ 2 mm）在拔丝过程中还要经过若干次热处理。热处理及冷拔过程中的变形强化使钢丝达到很高的强度，为 1 400 ~ 2 000 MPa [Q235 钢的强度只有 380 MPa]。

③ 钢丝绳的制造方法。

首先将钢丝捻成股，然后将若干股围绕着绳芯捻制成绳。

股是由一定形状和大小的多根钢丝、拧成一层或多层螺旋状而形成的结构，是构成钢丝绳的基本元件。

绳芯的作用是：增加挠性、弹性和润滑。一般在绳中心布置一绳芯，有时为了更多地增加钢丝绳的挠性与弹性，在每一股的中央也布置绳芯。

（2）钢丝绳的种类

钢丝绳可以按以下方式进行分类：

① 按钢丝绳芯材料不同可分为麻芯、石棉芯和金属绳芯三种，起重作业中常采用麻芯钢丝绳，麻芯中浸有润滑油，起减小绳股及钢丝之间的摩擦和防腐蚀的作用。

② 按钢丝绳绳股及丝数不同可分为 6 × 19、6 × 37 和 6 × 61 三种，起重作业中最常用的是 6 × 19 和 6 × 37 钢丝绳。在同等直径下，6 × 19 钢丝绳中的钢丝直径较大，强度较高，但柔韧性差。而 6 × 61 钢丝绳中的钢丝最细，柔性好，但强度低。6 × 37 钢丝绳的性能介于上述二者之间，柔性比 6 × 19 钢丝绳好，比 6 × 61 钢丝绳差；强度比 6 × 19 钢丝绳差，比 6 × 61 钢丝绳好。

③ 按钢丝表面处理不同又可分为光面和镀锌两种，起重作业中常用光面钢丝绳。

④ 按钢丝绳股结构不同，又可分为点接触绳、线接触绳和面接触绳。

A. 点接触绳的各层钢丝直径相同，但各层螺距不等，所以钢丝互相交叉形成点接触，在工作中接触应力很高，钢丝易磨损折断，但其制造工艺简单。

B. 线接触绳的股内钢丝粗细不同，将细钢丝置于粗钢丝的沟槽内，粗细钢丝间成线接触状态。由于线接触钢丝绳接触应力较小，钢丝绳寿命长，同时挠性增加。由于线接触钢丝绳较为密实，所以相同直径的钢丝绳，线接触绳破断拉力大些。绳股内钢丝直径相同的同向捻钢丝绳也属线接触绳。

C. 面接触绳的股内钢丝形状特殊，采用异形断面钢丝，钢丝间呈面状接触。其优点是外表光滑，抗腐蚀和耐磨性好，能承受较大的横向力；但价格昂贵，故只能在特殊场合下使用。

（3）钢丝绳的规格参数

一般起重作业中 6 × 19 和 6 × 37 钢丝绳，其规格参数见表 1-1 和表 1-2。本参数仅供学生和做初步方案时参考，做正式方案请以《重要用途钢丝绳》（GB 8918—2006）和《一般用途钢丝绳》（GB/T 20118—2006）等国家标准为准。

表 1-1 钢丝绳（6×19）主要技术参数

直　径		钢丝绳的抗拉强度/MPa				
钢丝绳/mm	钢丝/mm	1 400	1 550	1 700	1 850	2 000
		钢丝破断拉力总和/kN				
6.2	0.4	20.00	22.10	24.3	26.4	28.6
7.7	0.5	31.3	34.6	38.00	41.30	44.70
9.3	0.6	45.10	49.60	54.70	59.60	64.40
11.0	0.7	61.30	67.90	74.50	81.10	87.70
12.5	0.8	80.10	88.70	97.30	105.50	114.50
14.0	0.9	101.00	112.00	123.00	134.00	114.50
15.5	1.0	125.00	138.50	152.00	165.50	178.50
17.0	1.1	151.50	167.50	184.00	200.00	216.50
18.5	1.2	180.00	199.50	219.00	238.00	257.50
20.0	1.3	21150	234.00	257.00	279.50	302.00
21.5	1.4	245.50	271.50	298.00	324.00	350.50
23.0	1.5	281.5	312.00	342.00	372.00	402.50
24.5	1.6	320.50	355.00	389.00	423.50	458.00
26.0	1.7	362.00	400.50	439.50	478.00	517.00
28.0	1.8	405.50	499.00	492.50	536.00	579.50
31.0	2.0	501.00	554.50	608.50	662.00	715.50
34.0	2.2	606.00	671.00	736.00	801.00	—
37.0	2.4	721.50	798.50	876.00	953.50	—
40.0	2.6	846.50	937.50	1 025.00	1 115.00	—

表 1-2 钢丝绳（6×37）主要技术标准

直 径		钢丝绳的抗拉强度/MPa				
钢丝绳/mm	钢丝/mm	1 400	1 550	1 700	1 850	2 000
		钢丝破断拉力总和/kN				
8.7	0.4	39.00	43.20	47.30	51.50	55.70
11.0	0.5	60.00	67.50	74.00	80.60	87.10
13.0	0.6	87.80	97.20	106.50	116.00	125.00
15.0	0.7	119.50	132.00	145.00	157.50	170.50
17.5	0.8	156.00	172.50	189.50	206.00	223.00
19.5	0.9	197.50	218.50	239.50	261.00	282.00
21.5	1.0	243.50	270.00	296.00	322.00	345.50
24.0	1.1	295.00	326.50	358.00	390.00	421.50
26.0	1.2	351.00	388.50	426.50	464.00	501.50
28.0	1.3	412.00	456.50	500.50	544.50	589.00
30.0	1.4	478.00	529.00	580.50	631.50	683.00
32.5	1.5	548.50	607.50	666.50	725.00	784.00
34.5	1.6	624.50	691.50	758.00	825.00	892.00
36.5	1.7	705.00	780.50	856.00	931.50	1 005.00
39.0	1.8	790.00	875.00	959.50	1 040.00	1 125.00
43.0	2.0	975.50	1 080.00	1 185.00	1 285.00	1 390.00
47.5	2.2	1 180.00	1 305.00	1 430.00	1 560.00	—
52.0	2.4	1 405.00	1 555.00	1 705.00	1 855.00	—
56.0	2.6	1 645.00	1 825.00	2 000.00	2 175.00	—

（4）钢丝绳的规格含义

钢丝绳是由高碳钢丝制成。钢丝绳的规格较多，起重吊装常用 6×19＋FC（IWR）、6×37＋FC（IWR）、6×61＋FC（IWR）三种规格的钢丝绳。

其中 6 代表钢丝绳的股数，19（37、61）代表每股中的钢丝数，"＋"后面为绳股中间的绳芯，其中 FC 为纤维芯、IWR 为钢芯。

关于钢丝绳详细的命名标准参见国家标准《钢丝绳术语、标准和分类》GB/T 8706—2006 中的相关规定。

（5）钢丝绳的选用

钢丝绳在同直径时公称抗拉强度越低，每股绳内钢丝越多，钢丝直径越细，则绳的挠性越好，但钢丝绳易磨损。反之，每股绳内钢丝直径越粗，则钢丝绳挠性越差，钢丝绳耐磨损。因此，不同型号的钢丝绳，它的使用范围也不同。根据起重吊装作业的实际需要，一般情况下，钢丝绳的选用可考虑以下原则：

① 6×19 钢丝绳用作缆风绳、拉索及制作起重索具，一般用于受弯曲载荷较小或遭受磨损的地方。

② 6×37 钢丝绳用于起重作业中捆扎各种物件、设备及穿绕滑车组和制作起重用索具。适用于绳索受弯曲时。

③ 6×61 钢丝绳用于绑扎各类物件。绳索刚性较小，易于弯曲，用于受力不大的地方。

同向捻的钢丝绳，表面较平整、柔软，具有良好的抗弯曲疲劳性能，比较耐用；其缺点是绳头断开处绳股易松散，悬吊重物时容易出现旋转，易卷曲扭结，因此在吊装中不宜单独采用。起重吊装作业常用左交互捻钢丝绳。

（6）钢丝绳的受力计算

某一规格的钢丝绳允许承受的最大拉力是有一定限度的，超过这个限度，钢丝绳就会被破坏或拉断，因此在工作中需对钢丝绳的受力进行计算。

① 钢丝绳的破断拉力。

制造钢丝绳钢丝的公称抗拉强度分别为 1 470 MPa、1 570 MPa、1 670 MPa、1 770 MPa 和 1 870 MPa 五个强度等级。在相应强度等级下给出了不同直径、不同绳芯钢丝绳的最小破断拉力，以钢丝绳的最小破断拉力除以一个安全系数，即得到钢丝绳极限工作拉力，可由下式求得：

$$极限工作拉力 - \frac{F_0}{10 \times k_u} \quad (kg)$$

式中　F_0——钢丝绳最小破断拉力（kN）；

　　　k_u——钢丝绳安全系数。

此方法没有考虑钢丝经过捻制后受到的强度损失。在计算时可按降低 18% 作为钢丝绳破断拉力值。

在工程中可以采用简便方式进行大致计算，钢丝绳破断拉力 ≈ 直径的平方 × 50 kg；比如 ϕ13 的钢丝绳破断拉力 ≈ 13^2 × 50 ≈ 8 450 kg

② 钢丝绳的安全系数。

为了保证起重作业的安全，钢丝绳许用拉力只是其破断拉力的几分之一。破断拉力与许用拉力之比为安全系数。表 1-3 列出了不同用途钢丝绳的安全系数。

表 1-3　钢丝绳的安全系数

使用情况	安全系数	使用情况	安全系数
用作缆风绳、拖拉绳	3.5	机械驱动起重设备	5~6
人力驱动起重设备	4.5	用作吊索（无弯曲）	6~7
用作捆绑吊索	8~10	用作载人升降机	14

③ 钢丝绳的许用扭力。

$$P = S_p / K$$

式中　　P——钢丝绳的许用拉力（N）；

　　　　S_p——钢丝绳的破断拉力（N）；

　　　　K——钢丝绳的安全系数。

例：型号 $6 \times 37\text{-}26$ 的钢丝绳，用作捆绑绳时其许用拉力为多大？

解：$S_p = 500d^2 = 500 \times 26^2 = 338\ 000\ \text{N}$

用作捆绑绳时，取 $K = 10$，则：

$$P = S_p / K = 338\ 000 / 10 = 338\ 00\ \text{N}$$

（7）钢丝绳绳轮比

为了不让钢丝绳在工作期间发生过度弯曲的情况，必须规定不同直径的钢丝绳的最小弯曲半径，称为是"绳轮比"。

$$D_{\min} \geq e_1 \times e_2 \times d$$

式中　$D_{\min}$——钢丝绳绕过的最小轮径；

　　　d——钢丝绳直径；

　　　e_1——系数，按照工作类型决定，轻型—16、中型—18、重型—20；

　　　e_2——系数，按照钢丝绳结构决定，交、互绕—1、顺绕—0.9。

（8）钢丝绳报废标准

钢丝绳使用到一定的损坏程度时，必须按规定报废，其报废标准如下：

① 每一节距（也称捻距，指钢丝绳中的任何一股缠绕一周的轴向长度）内钢丝断裂的数目超过表 1-4 规定的数目时应报废。钢丝绳断丝数量不多，但断丝增加很快时也应报废。

② 钢丝绳的钢丝磨损或腐蚀达到或超过原来钢丝直径的 40% 以上时，即应报废。在 40% 以内者应按表降级使用。当整根钢丝绳的外表面受腐蚀而形成的麻面达到肉眼很容易看出的程度时，应予报废。

③ 钢丝绳受过火烧或局部电弧作用应报废。

④ 钢丝绳压扁变形，有绳股或钢丝挤出，笼形畸变，绳径局部增大、扭结、弯折时应报废。

⑤ 钢丝绳绳芯损坏而造成绳径显著减少（达 7%）时应报废。

⑥ 吊运炽热金属或危险品的钢丝绳，报废断丝数取通用起重机钢丝绳断丝数的一半，其中包括钢丝绳表面磨损或腐蚀的折减。

表 1-4 钢丝绳报废标准

安全系统	钢丝绳钢丝折断的数量/根					
	6×19		6×37		6×61	
	交捻	顺捻	交捻	顺捻	交捻	顺捻
<7	12	6	22	11	36	18
6~7	14	7	26	13	38	19
>7	16	8	30	15	40	20

（9）钢丝绳的折减系数

钢丝绳的破断拉力折减应按其在一个节距内钢丝折断的根数进行，见表 1-5。

表 1-5 钢丝绳的折减系数

钢丝表面磨损或腐蚀量/%	折减系数/%	钢丝表面磨损或腐蚀量/%	折减系数/%
10	85	25	60
15	75	30~40	50
20	70	>40	0

（10）钢丝绳使用、维护与保养

① 钢丝绳要正确开卷。钢丝绳开卷时，要避免钢丝绳扭结，强度降低以致损坏。钢丝绳切断时要扎紧防止松散。

② 钢丝绳不得超负荷使用，不能在冲击载荷下工作，工作时速度应平稳。

③ 在捆绑或吊运物件时，钢丝绳应避免和物体的尖角棱边直接接触，应在接触处垫以木块、麻布或其他衬垫物。

④ 严禁钢丝绳与电线接触，以免被打坏或发生触电。靠近高温物体时，要采取隔热措施。

⑤ 钢丝绳在使用中应避免扭结，一旦扭结，应立即抖直。使用中应尽量减少弯折次数，并尽量避免反向弯折。

⑥ 钢丝绳与卷筒或滑车配用时，卷筒或滑轮的直径至少比钢丝绳直径大 16 倍。不能穿过已经破损的滑轮，以免磨损钢丝绳或使绳脱出滑轮，造成事故。

⑦ 钢丝绳穿过滑轮时，滑轮槽的直径应比钢丝绳的直径大 1~2.5 mm。如滑轮槽的直径过大，则绳易被压扁；过小，则绳易磨损。

⑧ 钢丝绳应防止磨损、腐蚀或其他物理条件、化学条件造成的性能降低。吊运熔化及灼热金属的钢丝绳，要有防止高温损坏的措施。

⑨ 使用前，要根据使用情况选择合适直径的钢丝绳；在使用过程中，要经常检查其负荷能力及破损情况；使用后，及时保养，正确存放。

（11）钢丝绳的安全检查

钢丝绳的检查可分为日常检验、定期检验和特殊检验，日常检验就是自检；定期检验根据装置形式、使用率、环境以及上次检验的结果，可确定采用月检还是年检。钢丝绳的检查内容及要求见表1-6。

表1-6 钢丝绳检查内容

项 目		日常检验	定期检验与特殊检验
动绳	起重机起升、变幅、牵引用钢丝绳	微速运转观察全部钢丝绳，特别注意下列部位： ① 末端固定部位； ② 通过滑轮的部分	微速运转做全面检验外，特别注意下列部位： ① 在卷筒上的固接部位； ② 绕在卷筒上的绳； ③ 通过滑轮的钢丝绳； ④ 平衡轮处钢丝绳； ⑤ 其他固定连接部位
	缆索起重机钢丝绳	除通常能观察到的部分外，特别注意末端固定部位	全长仔细检验
静绳	缆风绳	除通常能观察到的部分外，特别注意末端固定部位	全长仔细检验
	捆绑绳	除全长观察外，特别注意下列部位： ① 编结部分； ② 与吊具连接部分	

具体检验方法如下：

① 断丝：在一个捻距统计断丝数，包括外部和内部的断丝。即使在同一根钢丝上有 2 处断丝，也应按 2 根断丝数统计。钢丝断裂部分超过本身半径者，应以断丝处理。

a. 检验时应注意断丝的位置（如距末端多远）和断丝的集中程度，以决定处理方法。

b. 注意断丝的部位和形态，即断丝发生在绳股的凸出部位，还是凹谷部位。根据断丝的形态，可以判断出断丝的原因。

② 磨损：磨损检验主要是磨损状态和直径的测量磨损的状态有两种：一种是同心磨损，另一种是偏心磨损。偏心磨损的钢丝绳多数发生在绳索移动量不大、吊具较重、拉力变化较大的场合。例如，电磁吸盘起重机的起升绳易发生这种磨损。偏心磨损和同心磨损同样使钢丝绳强度降低。

③ 腐蚀：腐蚀有外部腐蚀和内部腐蚀两种。

a. 外部腐蚀的检验：目视钢丝绳生锈、点蚀，钢丝松弛状态。

b. 内部腐蚀不易检验。如果是直径较细的钢丝绳（≤20 mm），可以用手把钢丝绳弄弯进行检验；如果直径较大，可用钢丝绳插接纤子进行内部检验，检验后要把钢丝绳恢复原状，注意不要损伤绳芯，并加涂润滑油脂。

④ 变形对钢丝绳的打结、波浪、扁平等进行目检。钢丝绳不应打结，也不应有较大的波浪变形。

⑤ 电弧及火烤的影响。目视钢丝绳，不应有回火包，也不应有焊伤。有焊伤应按断丝处理。

⑥ 钢丝绳的润滑。检验钢丝绳应处于良好的润滑状态。

（12）多分支吊索的夹角

钢丝绳吊装时，如果采用多分支吊索，吊索与水平面的夹角α一般应控制在 45°~60°之间，特殊情况下不得小于 30°。

1.1.2 钢丝绳绳卡

钢丝绳绳卡是制作索扣的快捷工具，连接强度不得小于钢丝绳破断拉力的 85%。其正确布置方向如图 1-2 所示。

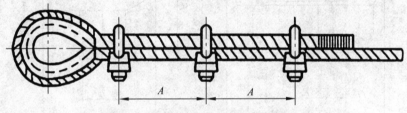

图 1-2 钢丝绳绳卡正确布置方式

钢丝绳夹头在使用时应注意以下几点：

（1）选用夹头时，应使其 U 形环的内侧净距比钢丝绳直径大 1~3 mm，太大了卡扣连接卡不紧，容易发生事故。

（2）上夹头时一定要将螺栓拧紧，直到绳被压扁 1/3~1/4 直径时为止，并在绳受力后，再将夹头螺栓拧紧一次，以保证接头牢固可靠。

（3）夹头要一顺排列，U 形部分与绳头接触，不能与主绳接触，如图 1-2 所示。如果 U 形部分与主绳接触，则主绳被压扁后，受力时容易断丝。

（4）为了便于检查接头是否可靠和发现钢丝绳是否滑动，可在最后一个夹头后面大约 500 mm 处再安一个夹头，并将绳头放出一个"安全弯"，如图 1-3 所示。这样，当接头的钢丝绳发生滑动时，"安全弯"首先被拉直，这时就应该立即采取措施处理。

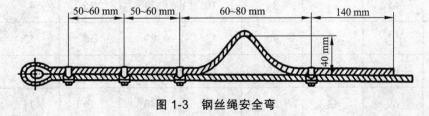

图 1-3 钢丝绳安全弯

（5）数量及间距要求，见表1-7。

表 1-7　钢丝绳绳卡数量的选用

绳卡公称尺寸钢丝绳公称直径/mm	<7	7~16	19~27	28~37	38~45
钢丝绳绳卡最少数量/组	3	3	4	5	6

（6）钢丝绳绳卡的种类

A型钢丝绳绳卡如图1-4所示，其技术参数见表1-8。

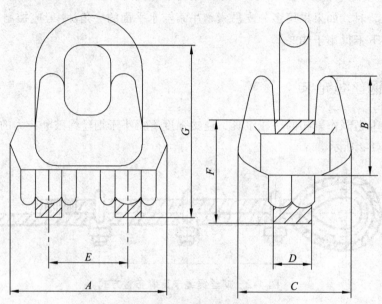

图 1-4　A 型钢丝绳绳卡

表 1-8　A 型钢丝绳绳卡技术参数

型号/mm	A/mm	B/mm	C/mm	D/mm	E/mm	F/mm	G/mm	重量/kg
6	22.5	14	17	5	12	14	24	0.025
8	28	17	21	6	15	16	30	0.045
10	38	21	28	8	19	20	37	0.09
12	45	27	34	10	24	25	47	0.18
15	52	32	40	12	29	30	57	0.28
20	62	38	47	14	36	36	71	0.48
22	69	43	52	16	40	39	78	0.62

1.2 索具、吊具的常用端部配件

吊钩、吊环、卸扣、绳卡等是构成吊索、吊具的端部配件（也称末端件）或连接件。选取、使用正确与否，关系到吊具、索具的承载安全。这些配件是按照相应的标准由专业生产厂制造的，在产品标记和技术参数中均应提供"额定载荷"及性能数据，这是正确选择的依据。

作为吊索端部配件按规定安全系数不应小于 4，验证力（试验载荷）应等于额定起重量的 2 倍。端配件选择：端部配件 = 实际起重量×4。式中，实际起重量应是吊索的额定起重量。

1.2.1 卸 扣

卸扣也称连接环，是钢丝绳之间、钢丝绳与车体之间、钢丝绳与滑轮之间、刚性牵引架与车体之间的必要连接器材。在吊装工作中，用它来与钢丝绳或吊具卡合成或卸离，能快速、安全地完成装载和卸装的任务，如图 1-5 所示。

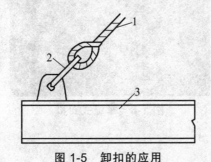

图 1-5 卸扣的应用

1—千斤索；2—卸扣；3—吊梁

卸扣是由一个弯环和一根止动横销组成的。

卸扣按其弯环的形状分有直环形（D 形）和马蹄形两种，如图 1-6、图 1-7 所示；按销子和弯环连接形式分为螺旋式和销子式两种，以螺旋式最为常用，图 1-8 所示为螺旋式卸扣。

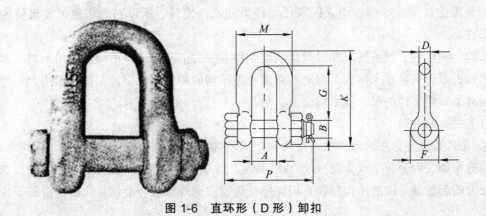

图 1-6 直环形（D 形）卸扣

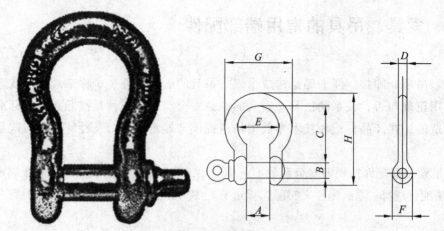

图 1-7　马蹄形卸扣

图 1-8　螺旋式卸扣

1.2.2　吊　钩

在起重机械中，用钢丝绳提取重物时，为了提高劳动生产率，根据货物的形状、尺寸、重量和物理性质的不同，配备与物料特征相适应的取物装置。对于各种取物装置，除了必须具有足够的强度、保证可靠地工作外，还要求有最小的自重、使用简便、能迅速地提取和放下物料等。吊钩是最常用的一种取物装置，它不仅能直接悬挂载荷，同时也常用做其他取物装置的挂架，吊钩可用来提取任何种类的成件物料。所以它是起重吊装机械的一种通用部件。

吊钩、钢丝绳、制动器统称起重机械安全作业三大重要构件。吊钩若使用不当，容易造成损坏和折断而发生重大事故，因此，必须熟悉吊钩的种类和性质，工作中选用合适吊钩，并加强对吊钩经常性的安全技术检验。

（1）吊钩的种类

① 吊钩按制造方法可分为锻造吊钩和片式吊钩（板钩）。

锻造吊钩又可分为单钩（图 1-9a）和双钩（图 1-9b）。单钩一般用于小起重量，双钩多用于较大的起重量。锻造吊钩材料采用优质低碳镇静钢或低碳合金钢片式吊钩由若干片厚度不小于 20 mm 的钢板铆接起来。

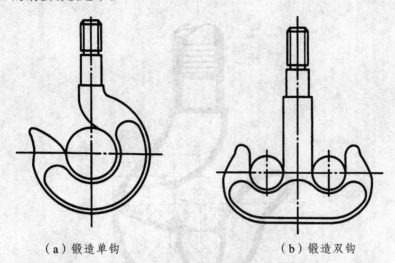

（a）锻造单钩　　　　　　（b）锻造双钩

图 1-9　锻造吊钩

片式吊钩也有单钩和双钩之分（图 1-10）。片式吊钩比锻造吊钩安全，因为吊钩板片不可能同时断裂，个别板片损坏还可以更换。

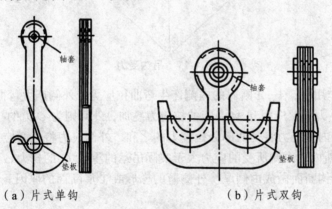

（a）片式单钩　　　　　　（b）片式双钩

图 1-10　片式吊钩

② 吊钩按钩身（弯曲部分）的断面形状可分为：圆形、矩形、梯形和 T 形断面吊钩。

从受力情况看 T 形断面吊钩最合理，但其缺点是工艺复杂。使用最多的是梯形断面吊钩，受力合理，制造方便。矩形断面的板片式吊钩断面承载能力不能充分利用，比较笨重。圆形断面吊钩只用于小型钩的场合。

（2）吊钩的危险断面

吊钩的危险断面是日常检查和安全检验时的重要部位，经过对吊钩的受力分析，得出吊钩有以下危险截面。

吊挂在吊钩上的重物的重量为 Q，如图 1-11 所示。

① A—A 断面：

吊钩在重物重量 Q 的作用下，产生拉、切应力之外，还有把吊钩拉直的趋势所示的吊钩中，中心线以右的各断面除受拉伸以外，还受到力矩 M 的作用。

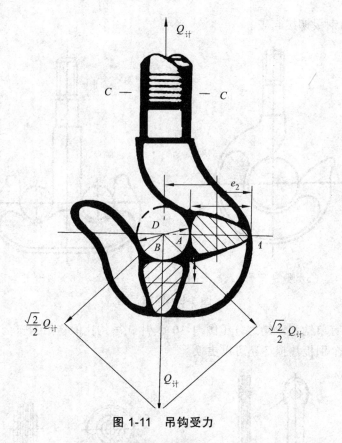

图 1-11　吊钩受力

在力矩 M 的作用下，A—A 断面的内侧产生弯曲拉应力，外侧产生弯曲压应力。A—A 断面的内侧受力为 Q 力的拉应力和 M 力矩的拉应力叠加，外侧则为 Q 力的拉应力和 M 力矩的压应力叠加，这样内侧应力将是两部分拉应力的之和，外侧应力将是两应力之差，综上我们可以得到，A—A 断面的内侧所受的应力大于实际吊运的重量 Q 的拉力，内侧应力大于外侧应力，这就是把吊钩断面做成内侧厚、外侧薄的梯形或 T 形断面的原因。

② B—B 断面：

重物的重量通过吊索作用在这个断面上，此作用力有把吊钩切断的趋势，在该断面上产生剪切应力。由于 B—B 断面是吊索或辅助吊具的吊挂点，索具等经常对此处摩擦，该断面会因磨损而使横截面积减小，承载能力下降，从而增大剪断吊钩的危险。

③ C—C 断面：

由于重物重量 Q 的作用，在该截面上的作用力有把吊钩拉断的趋势。这个断面位于吊钩柄柱螺纹的退刀槽处，该断面为吊钩最小断面，有被拉断的危险。

（3）吊钩的安全检查

在用起重机械的吊钩应根据使用状况定期检验，但至少每半年检查一次，并进行清洗润滑。吊钩一般检查方法：先用煤油洗净钩体，用 20 倍放大镜检查钩体是否有裂纹，尤其对危险断面要仔细检查，对板钩的衬套、销轴、轴孔、耳环等检查其磨损的情况，检查各固件是否松动。某些大型的工作级别较高或使用在重要工况环境的起重机吊钩，还应采用无损探伤法检查吊钩内、外部是否存在缺陷。

新投入使用的吊钩要认明钩件上的标记、制造单位的技术文件和出厂合格证。投入正式使用前应做负荷试验。以递增方式，逐步将载荷增至额定载荷的 1.25 倍（可与起重机动静负荷试验同时进行），试验时间不应少于 10 min。卸载后吊钩上不得有裂纹及其他缺陷，其开口度变形不应超过 0.25%。

使用后有磨损的吊钩也应做递增的负荷试验，重新确定使用载荷值。

（4）吊钩的报废标准

不准使用铸造吊钩，吊钩固定牢靠。转动部位应灵活，钩体表面光洁，无裂纹、剥裂及任何有损伤钢丝绳的缺陷。钩体上的缺陷不得焊补。为防止吊具自行脱钩，吊钩上应设置防止意外脱钩的安全装置（图 1-12）。

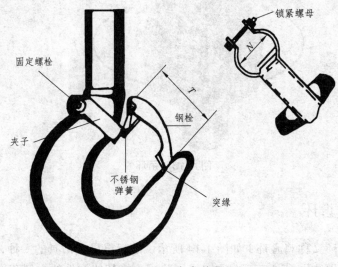

图 1-12 安全装置

吊钩出现下列情况之一时应予报废：

① 表面有裂纹。

② 危险断面磨损量：按行业沿用标准制造的吊钩应不大于原尺寸的 10%；按现行国家标准《起重吊钩第 2 部分：锻造吊钩技术条件》（GB 10051.2）制造的吊钩，应不大于原高度的 5%。

③ 开口度比原尺寸增加 15%。

④ 钩身扭转变形超过 10°。

⑤ 吊钩危险断面或吊钩颈部产生塑性变形。

⑥ 吊钩螺纹被腐蚀。

⑦ 片钩衬套磨损达原尺寸的 50%时，应更换衬套。

⑧ 片钩心轴磨损达原尺寸的 5%时，应更换心轴。

1.2.3 吊 环

吊环一般是作为吊索、吊具钩挂起升装置吊钩的端部件，如图 1-13 所示。

图 1-13 吊环

1.2.4 索具套环

钢丝绳索具套环又称鸡心环，如图 1-14 所示，是起重机械吊具的一种，带有绳槽，供绳索末端环绕扎结，以防绳缆过度弯曲和磨损，并可连接其他构件的心型金属环。

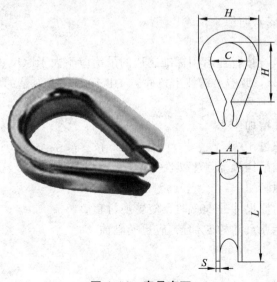

图 1-14 索具套环

1.3 滑轮和滑轮组

1.3.1 滑轮的构造

在吊装机械中，钢丝绳经常要先绕过若干滑轮，然后固接到卷筒上。滑轮是支持钢丝绳的零件，是一个圆形的轮，轮周上有防止绳索脱落的绳槽。直径小的滑轮一般做成实体的，直径较大时，在轮缘与轮缘间或者是做成带刚性筋的或者是做成带孔的圆盘，如图1-15 所示。滑轮活套在轴上，滑轮转动，轴不转动，滑轮和心轴间装有滚动轴承，少数采用滑动轴承。

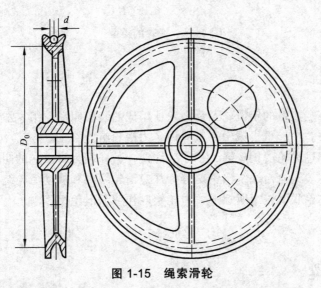

图 1-15 绳索滑轮

1.3.2 滑轮的类型

滑轮根据其作用特点分为定滑轮和动滑轮两种。

（1）定滑轮

位置固定的滑轮叫定滑轮，如图 1-16（a）所示。定滑轮用于支持钢丝绳的运动，并改变其运动方向。

（2）动滑轮

位置可以移动的滑轮叫动滑轮。动滑轮分为省力动滑轮与省时动滑轮两种。

省力动滑轮如图 1-16（b）所示，拉力作用在钢绳的自由端上，出端拉力为物品重量的一半，因此可用以减少钢丝绳上的拉力。

省时动滑轮如图 1-16（c）所示，作用力是加在滑轮的心轴上，可用以提高物品的起升速度。

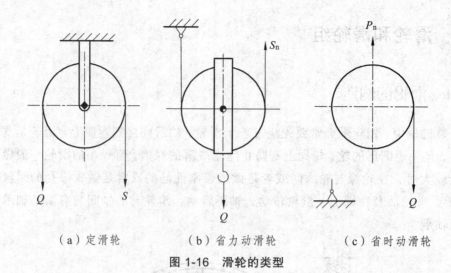

（a）定滑轮　　　　　（b）省力动滑轮　　　　　（c）省时动滑轮

图 1-16　滑轮的类型

1.3.3　滑轮组

将钢丝绳绕过一定数量的定滑轮及动滑轮所组成的装置叫滑轮组。滑轮组分为省力滑轮组与省时滑轮组两种。在起重机械中一般只用省力滑轮组。

在滑轮组中，绕过滑轮的钢丝绳，一端为固定，另一端为自由端的叫单联滑轮组。在单联滑轮组中，按照钢丝绳自由端绕出情况分为从定滑轮绕出和从动滑轮绕出两种。

由两个并列对称单联滑轮组所组成的滑轮组叫作双联滑轮组。

1.4　吊　梁

吊梁也称平衡梁、铁扁担，包括承载梁及连接索具，是吊运的专用横梁吊具，其吊运和安装过程、结构简单合理、动作灵活、使用方便、吊运安全可靠，如图 1-17、图 1-18 所示。

图 1-17　单根式吊梁

图 1-18 框架式吊梁

1.4.1 吊梁的作用

（1）可用于保持被吊设备的平衡，避免吊索损坏设备；

（2）缩短吊索的高度，减小动滑轮的起吊高度；

（3）减少设备起吊时所承受的水平压力，避免损坏设备；

（4）多机抬吊时，可以合理分配或平衡各吊点的载荷。

1.4.2 吊梁的使用

（1）移动天车，使天车吊钩与吊梁的吊环连接，当起升到合适高度后，察看吊梁是否水平，吊链是否打结。

（2）移动主梁，到被吊物上方，用连接索具与被吊物连接，然后缓慢提升天车。

（3）试吊平衡天车提升后，主梁平衡度应小于 1°，用肉眼观察承载梁是否处于平衡状态，当完全处于平衡状态时，即可进行吊运。

（4）负载试吊，应缓慢提升负载，当刚刚离地时，停止提升，观察整体受力情况，然后缓慢放松负载，如没有异常，方可正常吊运。

1.4.3 吊运注意事项

（1）吊梁使用前首先目视横梁梁体有无变形、裂纹、焊缝开焊等异常现象。试吊过程要满足负载的运行路线，环境条件，确定起升和放升位置，对有影响起吊一律不能吊运，对于主吊梁配备的索具使用时不能变位、打结。

（2）试吊过程中，梁体负载有异常响声、变形、裂纹立即停止试吊。

当试吊成功后，才能进行起吊、吊运，在吊运过程中让有关人员必须明白识别标志，让操作人员看得见的通讯联络。

（3）在吊运负载时，不允许超载使用，梁体必须处于平稳状态，梁体不能产生摆动，防止梁体失去平衡，酿成安全事故。

（4）负载下边严禁站人，禁止人工扶载。

1.4.4　吊梁的维护

（1）用后的横梁吊具必须放在专用的架子上，存放于通风、干燥、清洁的厂房内，由专人保管。

（2）梁体表面要经常防锈保护，不允许在酸、碱、盐、化学气体及潮湿环境中存放。

（3）禁止在高温区存放。

（4）定期清理转动部位，定期上润滑油，防止干摩擦、卡阻现象。

1.4.5　吊梁的报废标准

（1）梁体任何部位产生裂纹，经修补仍然有裂纹；

（2）吊梁、吊轴等产生塑性变形，无法修复或更换；

（3）吊耳孔、吊耳轴、圆弧孔磨损到名义直径的 10%；

（4）各转动部位失灵，经修复仍然有卡阻不能转动；

（5）梁体表面有严重的碰伤影响到安全使用；

（6）横梁严重锈蚀，漆膜脱落，无法修复。

1.5　常用机具与设备

1.5.1　手拉葫芦和电动葫芦

（1）手拉葫芦

手拉葫芦又称链式滑车、捯链，如图 1-19 所示，是一种使用简单、携带方便的手动起重机械。它适用于小型设备和货物的短距离吊运，起重量一般不超过 10 t，最大的可达 20 t，起重高度一般不超过 6 m。手拉葫芦的外壳材质是优质合金钢，坚固耐磨，安全性能高。

手拉葫芦作为升级版的定滑轮，完全继承了定滑轮的优点，同时采用反向逆止刹车的减速器和链条滑轮组的结合，对称排列二级正齿轮转动结构，简单、耐用、高效。

手拉葫芦向上提升重物时，顺时针捯动手动链条、手链轮转动，下降时逆时针捯动手拉链条，制动座跟刹车片分离，棘轮在棘爪的作用下静止，五齿长轴带动起重链轮反方向运行，从而平稳下降重物。手拉葫芦一般采用棘轮摩擦片式单向制动器，在载

图 1-19　手拉葫芦

荷下能自行制动，棘爪在弹簧的作用下与棘轮啮合，使制动器安全工作。

　　它具有安全可靠、维护简便、机械效率高、手链拉力小、自重较轻便于携带、外形美观尺寸较小、经久耐用的特点，适用于工厂、矿山、建筑工地、码头、船坞、仓库等用作安装机器、起吊货物，尤其对于露天和无电源作业，更显示出其优越性。

　　使用手拉葫芦时应注意：

　　① 严禁斜拉超载使用。

　　② 严禁用人力以外的其他动力操作。

　　③ 在使用前须确认机件完好无损，传动部分及起重链条润滑良好，空转情况正常。

　　④ 起吊前检查上下吊钩是否挂牢，起重链条应垂直悬挂，不得有错扭的链环，双行链的下吊钩架不得翻转。

　　⑤ 操作者应站在与手链轮同一平面内拽动手链条，使手链轮沿顺时针方向旋转，即可使重物上升；反向拽动手链条，重物即可缓缓下降。

　　⑥ 在起吊重物时，严禁人员在重物下做任何工作或行走动作，以免发生重大事故。

　　⑦ 在起吊过程中，无论重物上升或下降，拽动手链条时，用力应均匀和缓，不要用力过猛，以免手链条跳动或卡环。

　　⑧ 操作者如发现手拉力大于正常拉力时，应立即停止使用。防止破坏内部结构，以防发生坠物事故。

　　⑨ 待重物安全稳固着陆后，再取下手拉葫芦下钩。

　　⑩ 使用完毕后，轻拿轻放，置于干燥、通风处，涂抹润滑油放好。

　　（2）电动葫芦

　　电动葫芦（图1-20）是一种特种起重设备，安装在天车、龙门吊之上，电动葫芦具有体积小，自重轻，操作简单，使用方便等特点，用于工矿企业，仓储，码头等场所。

图 1-20　电动葫芦

电动葫芦使用时需注意：

　　① 操作人员，必须经过专业学习，并接受安全技术培训，经国家或业务主管部门考核合核，取得地方主管部门签发的《特种作业人员操作证》后，方可从事指挥和操作，严禁无证操作。

② 电葫芦在使用前检查吊钩、钢丝绳、减速器等易损零部件的安全技术状况。

③ 电葫芦使用时，禁止闲人进入吊装危险区域并派专人看护。

④ 电葫芦在吊装时摆放或捆绑物品必须规范、符合吊装规定要求。

⑤ 在制动器、安全装置失灵、吊钩螺母防松装置损坏、钢丝绳损伤达到报废标准等情况下禁止起重操作。

⑥ 吊物捆绑、吊挂不牢或不平衡而可能滑动，吊物棱角与钢丝绳之间未加衬垫时不得进行起重操作。

⑦ 无法看清场地、吊物情况和指挥信号时不得进行起重操作。

⑧ 在停工或休息时，得将吊物、吊篮、吊具和索具悬在空中。

⑨ 在起重机械工作时，不得对起重机械进行检查和检修。不得在有载荷的情况下调整起升机构的制动器。

⑩ 下放吊物时，严禁自由下落（溜）。不得利用极限位置限制器停车。

1.5.2 卷扬机

卷扬机又称绞车，如图 1-21 所示，是垂直运输机械的主要组成部分，配合井（门）架、桅杆、滑轮等辅助设备，可用来提升物料、安装设备等作业。由于其结构简单，移动灵活，操作方便，使用成本低，对作业环境适应性强，因此在建筑施工中广泛应用。

图 1-21　卷扬机

（1）卷扬机的类型

卷扬机的种类很多，一般分类是：

① 按使用行业分，有用于建筑、林业、矿山、船舶等多种；

② 按钢丝绳牵引速度分，有高速、快速、快速溜放、慢速、慢速溜放、调速等；

③ 按卷筒数量分，有单筒和双筒；

④ 按传动方式分，有电动、液压、气动等多种；

⑤ 按机械传动形式分，有直齿轮传动、斜齿轮传动、行星齿轮传动、内胀离合器传动、蜗轮蜗杆传动等多种。

（2）卷扬机类型的选择

① 速度选择。

对于建筑安装工程，由于提升距离较短，而准确性要求较高，一般应选用慢速卷扬机；

对于长距离的提升（如高层建筑施工）或牵引物体，为提高生产率，减少电能消耗，应选用快速卷扬机。

② 动力选择。

由于电动机械工作安全可靠，运行费用低，可以进行远距离控制，因此，凡是有电源的地方，应选用电动卷扬机；如果没有电源，则可选用内燃卷扬机。

③ 筒数选择。

一般建筑施工多采用单筒卷扬机，因其结构简单，操作和移动方便；如果在双线轨道上来回牵引斗车，宜选用双筒卷扬机，以简化安装工作，减少操作人员，提高生产率。

④ 传动形式选择。

行星式和针轮减速器传动的卷扬机，由于机体较小、结构紧凑、重量轻、运转灵活、操作简便，很适合建筑施工使用，可以优先考虑。

（3）卷扬机的安装注意事项

① 卷扬机应安装在吊装区域外，视野宽广处，并应搭设简易机棚，操作者应能顺利地监视卷扬机全部作业过程。

② 钢丝绳应成水平状态从卷筒下面卷入，并和卷筒轴线垂直，这样能使钢丝绳圈排列整齐，不致斜绕和互相错叠挤压。

③ 钢丝绳在卷筒上缠绕的旋向，要根据钢丝绳是右捻还是左捻，卷筒是正转还是反转，采用不同的缠绕方法，如图1-22所示。

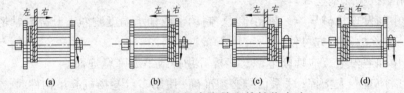

图1-22　钢丝绳在卷筒上的缠绕方法

图1-22中的四种缠绕方法具体如下：

（a）用右捻钢丝绳上卷，钢丝绳一端固定在卷筒左边，由左向右排列；

（b）用左捻钢丝绳上卷，钢丝绳一端固定在卷筒右边，由右向左排列；

（c）用右捻钢丝绳上卷，钢丝绳一端固定在卷筒右边，由右向左排列；

（d）用左捻钢丝绳上卷，钢丝绳一端固定在卷筒左边，由左向右排列；

（从卷筒上面放出钢丝绳的是上卷；从卷筒下面放出钢丝绳的是下卷）

采用正确的缠绕方法，可以使钢丝绳的拉力放松时，已缠在卷筒上的钢丝绳仍然会互相紧靠在一起，成为平整的一层。这是因为钢丝绳的拉力放松时，绳股会稍微扭转回来一些，而使绳圈互相靠拢。如不按正确缠绕方法，每次拉力停止时，已缠好的钢丝绳会自行散开；如卷筒再旋转，就会互相错叠，增加钢丝绳的磨损。如上图所示的绕法，对交互捻或同向捻的钢丝绳都是适用的。

④ 钢丝绳应和卷筒及吊笼连接牢固，不得和机架或地面摩擦。通过道路时，应设过路保护装置。

⑤ 卷扬机必须有良好的接地装置，接地电阻应不大于 $10\,\Omega$。

（4）卷扬机的使用要点

① 卷扬机的操作人员必须经过培训，熟知所操纵卷扬机的结构和性能，熟悉操作和维护

方法，并经考核合格，持证上岗。

② 卷扬机的额定牵引力是指最外层钢丝绳允许承受的最大静拉力，此时钢丝绳的绳速为最大，使用时不得超过此值，即不能超载使用。当卷扬机的额定载荷不小于 125 kN 时，应安装有钢丝绳排绳器，以保证安全。

③ 严禁使用倒顺开关的卷扬机，要辨清电动机的旋转方向应和开关的方向一致，并应在钢丝绳上系一红色小布带，显示上下停车的位置。

④ 使用传送带或开式齿轮的传动部分，应设防护罩，导向滑轮不得使用开口拉板式滑轮。

⑤ 使用前要先清除工作场所周围的障碍物。卷扬机作业区内，不得有人员停留或通过。

（5）卷扬机操作要点

① 作业前卷扬机应先做正、反向试运转，以检查钢丝绳、离合器、制动器、传动滑轮及电控装置等是否正常、可靠，确认无误后，方可操作使用。

② 操作人员应集中精力，在卷扬机起、停和运转中要随时注意观察作业场所的人、物动态，物件提升后，操作人员不得离开卷扬机。休息时应将物体或吊笼降至地面。

③ 提升重物时应缓慢起动，不可突然全速起动或下降，更应防止使用紧急制动，以防损坏传动部件及钢丝绳。

④ 卷筒上的钢丝绳应排列整齐，不应发生乱绳现象，更不可超过卷筒侧边，以防跳绳而发生损坏联轴器、拉断钢丝绳等事故。如遇钢丝绳乱层或斜绕时，应停机后重新排列，切不可在转动中用手拉脚踩钢丝绳。

⑤ 作业中如发现机械异响、制动不灵、制动带或轴承温度剧烈上升等异常情况时，应立即停机检查，排除故障后方可使用。

⑥ 作业中如遇停电，应切断电源，将提升物件或吊笼降至地面。

⑦ 作业时应有专人指挥，联系信号必须准确，使用多台卷扬机起吊构件时，要统一指挥。

⑧ 作业完毕应将提升吊笼或物件降至地面，切断电源，锁好开关箱，再进行清洁、润滑作业。

1.5.3　千斤顶

千斤顶是指用刚性顶举件作为工作装置，通过顶部托座或底部托爪的小行程内顶开重物的轻小起重设备。千斤顶主要用于厂矿、交通运输等部门作为车辆修理及其他起重、支撑等工作。其结构轻巧坚固、灵活可靠，一人即可携带和操作。

千斤顶分为有机械千斤顶和液压千斤顶等，原理各有不同。从原理上来说，液压传动所基于的最基本的原理就是帕斯卡定律，也就是说，液体各处的压强是一致的。这样，在平衡的系统中，比较小的活塞上面施加的压力比较小，而大的活塞上施加的压力也比较大，这样能够保持液体的静止。所以通过液体的传递，可以得到不同端上不同的压力，就可以达到一个变换的目的。人们所常见到的液压千斤顶就是利用了这个原理来达到力的传递。螺旋千斤顶以往复扳动手柄，拔爪即推动棘轮间隙回转，小伞齿轮带动大伞齿轮，使举重螺杆旋转，从而使升降套筒获得起升或下降，而达到起重拉力的功能，但不如液压千斤顶简易。

千斤顶的基础应平稳、坚实、可靠。在底面设置千斤顶时，应垫上道木或其他适当的材料，以扩大受力面积。

在松软的地面上放置千斤顶时，应在千斤顶下垫好木块，以免受力后倾斜歪倒。当重物升高时，重物下面也要随时放入支撑垫木，但手不能误入危险区。

在千斤顶的放置过程中，保持荷载重心作用线与千斤顶轴线一致，顶升过程中要严防由于千斤顶地基偏沉或荷载水平位移而发生千斤顶偏歪、倾斜的危险。要防止千斤顶与重物的金属面或混凝土光滑面接触发生滑动，必要时要垫以硬木块。

千斤顶的顶升高度应不超过有效顶程。起升大型物体时（如大梁）应两端分开起落，一端起落，另一端必须垫实、垫牢、放稳。千斤顶不准超负荷使用。

启动千斤顶不宜急促，应有节奏匀速上升，下降时要缓慢。多台千斤顶同时使用时，要同步操作。千斤顶操作完毕，要进行认真检查，检查油压和隐患情况，并进行维护保养，放置在适当的地方。

1.6 塔式起重机

1.6.1 塔式起重机的构成

塔式起重机由工作机构、主体结构和动力装置与控制系统三部分组成。这三部分的组成及其作用概述如下。

（1）塔式起重机的工作机构

塔式起重机的工作机构通常是由起升机构、变幅机构、回转机构、液压顶升机构、行走机构组成。

起升机构实现重物的垂直上、下运动；变幅机构和回转机构实现重物在两个水平方向的移动；液压顶升机构实现标准节的增加或减少，从而升高或降低塔身；行走机构实现重物在塔式起重机力所能及的范围内任意空间运动。

（2）塔式起重机的主体结构

塔式起重机的主体结构主要是由底架、塔身、套架、上下支座、吊臂、平衡臂、塔顶等主要构件组成，如图 1-23 所示。

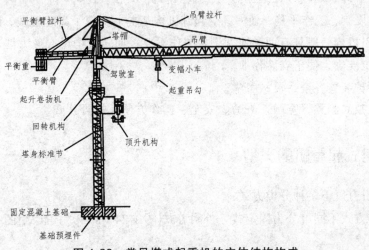

图 1-23 常见塔式起重机的主体结构构成

主体结构是塔式起重机的骨架，它承受起重机的自重以及作业时的各种外载荷。组成起重机主体结构的构件较多，其重量通常占整机重量的一半以上，耗钢量大。因此，塔式起重机主体结构的合理设计，对起重机减轻自重、提高性能、扩大功用和节省钢材都有重要意义。

（3）动力装置和控制系统

动力装置是起重机的动力源，塔式起重机的动力源是使用外接电源的电动机。

控制系统包括操纵装置和安全装置。塔式起重机的操纵装置是由联动控制台、配电箱、电阻器箱等组成，安全装置主要由高度限位器、幅度限位器、起重量限制器、力矩限制器、回转限位器等组成。

通过控制系统可改变起重机的运动特性，以实现各机构的起动、调速、改向、制动和停止，从而达到起重机作业所要求的各种动作。

1.6.2　塔式起重机的工作原理

塔式起重机是一种起重运送重物的机械，它的工作基本原理是通过起升机构、变幅机构、回转机构的作用实现重物从某一位置运动到空间任意位置。通过液压顶升机构实现标准节的增加或减少；通过行走机构进一步扩大塔式起重机在空间的作用范围。

1.6.3　塔式起重机的特点

① 起升高度和工作幅度较大。QTZ630 塔式起重机附着高度可达 120 m，作业范围为 360° 全回转。因此，具有广泛的适用性，既能满足中小城市一般民用建筑施工的需要，又能满足大中城市高层建筑施工的需要，同时可用于多层大跨度工业厂房以及采用滑模施工的高大烟囱和筒仓等塔形建筑的施工需要，也可用于桥梁、电站建设及港口、货场的装卸。

② 安装、拆卸、运输方便迅速。

③ 工作速度高，工作平稳、效率高。起升机构基本上实现了高速轻载，低速重载的工作要求；小车牵引机构一般具有两种速度满足工作需要；回转机构设有液力耦合器和常开式制动器使塔机就位准确，便于安装作业。

④ 安全保护装置齐全，灵敏可靠。

⑤ 司机室独立侧置，宽敞、舒适、安全、操作方便、视野开阔。

1.6.4　塔式起重机的类型

塔式起重机有以下多种分类方式：

① 按工作方式不同可分为固定式、外附着式[图 1-24（a）]、内爬式[图 1-24（b）]、轨道式四大类。

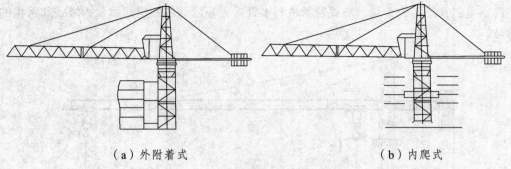

（a）外附着式　　　　　　　　　　（b）内爬式

图 1-24　塔式起重机工作方式

② 按回转方式不同可分为上旋式、下旋式两大类。

③ 按变幅方式不同可分为小车变幅式[图 1-25（a）]、俯仰变幅式[图 1-25（b）]两大类。

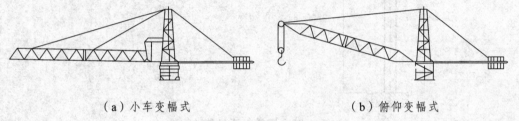

（a）小车变幅式　　　　　　　　　　（b）俯仰变幅式

图 1-25　塔式起重机变幅方式

④ 按架设方式不同可分为快装式、自升式两大类。

1.6.5　塔式起重机的主要技术参数

塔式起重机参数（图 1-26）包括基本参数和主参数。基本参数共 10 项，根据国家标准相关规定，包括幅度、起升高度、额定起重量、轴距、轮距、起重总量、尾部回转半径、额定起升速度、额定回转速度、最低稳定速度。

（1）幅度（L）

幅度是塔式起重机空载时，从塔式起重机回转中心线至吊钩中心垂线的水平距离，通常称为回转半径或工作半径。对于俯仰变幅的起重臂，当处于接近水平或与水平夹角为 13° 时，从塔式起重机回转中心线至吊钩中心线的水平距离最大，为最大幅度（L_{max}）；当起重臂仰至最大角度时，回转中心线至吊钩中心线距离最小，为最小幅度（L_{min}）。对于小车变幅的起重臂，当小车行至臂架头部端点位置时，为最大幅度；当小车处于臂架根部端点位置时，为最小幅度。

小车变幅起重臂塔式起重机的最小幅度应根据起重机构造而定，一般为 2.5 ~ 4 m。俯仰变幅起重臂塔式起重机的最小幅度，一般相当于最大幅度的 1/3（变幅速度为 5 ~ 8 m/min 时）或 1/2（变幅速度为 15 ~ 20 m/min 时）。如小于上述最小幅度值，起重臂就有可能由于惯性作用后倾翻，从而造成重大事故。

（2）起重量（G）

额定起重量是指起重机安全作业允许的最大起升载荷，包括物品、取物装置（吊梁、抓斗、起重电磁铁等）的重量。塔式起重机基本臂最大幅度处的额定起重量为塔式起重机的基本参数。

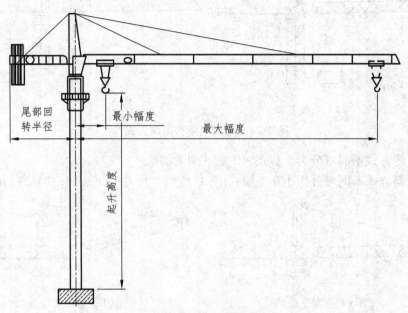

图 1-26 塔式起重机参数

此外，塔式起重机有两个起重量参数，一个是最大幅度时的起重量，另一个是最大起重量（如图 1-27）。

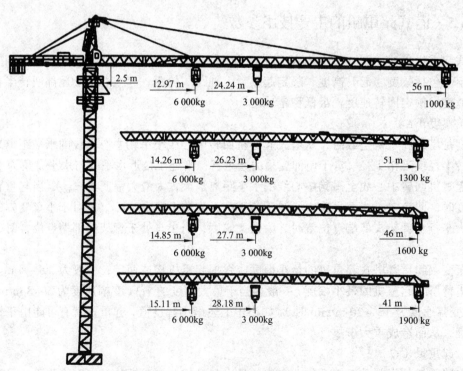

图 1-27 起重能力随幅度变化情况

俯仰变幅起重臂的最大幅度起重量是随吊钩滑轮组绳数不同而不同的，单绳时最小 3 绳时最大。它的最大起重量是在最小幅度位置。

小车变幅起重臂有单、双起重小车之分。单小车又有 2 绳和 4 绳之分，双小车多以 8 绳工作。因此，小车变幅起重臂有 2 绳、4 绳、8 绳之分，有的则分为 3 绳和 6 绳两种小车变幅起重臂的最大幅度起重量是小车位于臂头以 2 绳工作时的额定起重量，而最大起重量则是单小车 4 绳时或双小车 8 绳时的额定起重量。

塔式起重机的额定起重量是由起升机构的牵引力、起重机金属结构的承载能力以及整机的稳定性等因素决定的。超负荷作业会导致严重事故，因此，所有塔式起重机都装有起重量限制器，以防止超载事故造成机毁人亡。

（3）起重力矩（M）

塔式起重机的主参数是公称起重力矩（单位是 kN·m）。所谓公称起重力矩，是指起重臂为基本臂长时最大幅度与相应额定起重量的乘积，或最大起重量与相应拐点的乘积。

塔式起重机在最小幅度时起重量最大，随着幅度的增加使起重量相应递减。因此，在各种幅度时都有额定的起重量，不同的幅度和相应的起重量连接起来，可以绘制成起重机的性能曲线图。所有起重机的操纵台旁都有这种网线图，使操作人员能掌握在不同幅度下的额定起重量，防止超载。有些塔式起重机能增加塔身结构高度，风荷载及由风而构成的倾翻力矩也随之增大，导致起重稳定性差，必须采取增加压重和降低额定重量以保持稳定性。

有些塔式起重机能配用几种不同臂长的起重臂，对应每一种长度的起重臂都有其特定的起重性能曲线。对于小车变幅起重机起重量大小与变幅小车台数和吊钩滑轮组工作绳的绳数有关。因此对应每一种长度的起重臂至少有两条起重性能曲线，塔式起重机使用中，应随时注意性能曲线上的额定起重量。为防止超载，每台塔式起重机上还装设力矩限制器，以保证安全。

（4）起升高度（H）

起升高度也称吊钩高度。空载时，对轨道式塔式起重机，是吊钩内最低点到轨顶面的垂直距离；对其他型式起重机，则为吊钩内最低点到支承面的距离。对于小车变幅塔式起重机来说，其最大起升高度并不因幅度变化而改变；对于俯仰变幅塔式起重机来说，其起升高度是随不同臂长和不同幅度而变化的。

最大起升高度是塔式起重机作业时严禁超越的极限，如果吊钩吊着重物超过最大起升高度仍继续上升，必然要造成起重臂损坏和重物坠毁甚至整机倾翻的严重事故。因此每台塔式起重机上都装有吊钩高度限位器，当吊钩上升到最大高度时，限位器便自动切断电源，阻止吊钩继续上升。

（5）工作速度

塔式起重机的工作速度参数包括：起升速度、回转速度、俯仰变幅速度、小车运行速度和大车运行速度等。在塔式起重机的吊装作业循环中，提高起升速度，特别是提高空钩起落速度，是缩短吊装作业循环时间，提高塔式起重机生产效率的关键。

塔式起重机的起升速度不仅与起升机构牵引速度有关，而且与吊钩滑轮组的倍率有关。2 绳的比 4 绳的快一倍。提高起升速度，必须保证能平衡地加速、减速和就位。

在吊装作业中，变幅和大车运行不像起升一样的频繁，其速度对作业循环时间影响较小，因此不要求过快，但必须能平衡地起动和制动。

（6）轨距、轴距、尾部外廓尺寸

轨距是两条钢轨中心线之间的水平距离。常用的轨距是 2.8 m、3.8 m、4.5 m、6 m、8 m。

轴距是前后轮轴的中心距。在超过 4 个行走轨（8 个、12 个、16 个）的情况下，轴距为前后轴之间的中心距。

尾部外廓尺寸，对下回转塔式起重机来说，是由回转中心线至转台尾部（包括压重块）的最大回转半径；对于上回转塔式起重机来说，是由回转中心线至平衡臂尾部（包括平衡块）的最大回转半径。

塔式起重机的轨距、轴距及尾部外廓尺寸，不仅关系到起重机的幅度能否充分利用，而且是起重机运输中能否安全通过的依据。

1.6.6　塔式起重机的主体结构

（1）底架

① 固定式底架。

固定式底架的形式较多，有水母式、十字梁式、锚柱式等，如图 1-28 所示。

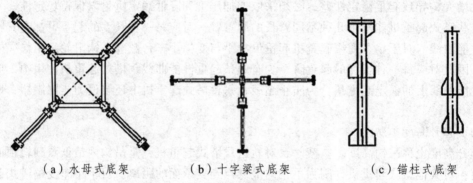

（a）水母式底架　　　　　（b）十字梁式底架　　　　　（c）锚柱式底架

图 1-28　塔式起重机固定式底架

水母式底架是由工字钢焊接成一方形框架，在四角处辐射状安装四条可拆支腿，通过联结螺栓可拆去支腿，以减少运输状态尺寸。

十字梁式底架是由工字钢制成一根长梁、两根半梁，通过联结螺栓连接成一个十字架。

锚柱式底架是由无缝钢管焊接而成的四根内锚和四根外锚组成，结构更加简单，但制作混凝土基础时，四根内锚的安装找平难度较大。

固定式塔式起重机是安装在专用的混凝土基础上的，预埋的地脚螺栓一端与水母式、十字梁式底架联结，另一端与专用的混凝土基础固接。固定式塔式起重机的地基基础是保证塔机安全使用的必备条件，在安装塔机前应预先按照生产厂家提供的地基图进行混凝土基础的施工。当地基承载力达不到塔机生产厂家提出的要求时，应采取措施重新设计混凝土基础，并按有关标准进行验算。另外，基础的地脚螺栓尺寸误差必须严格按照基础图的要求施工，地脚螺栓要保持足够的露出地面的长度，每个地脚螺栓要双螺帽预紧。在安装前要对基础表面进行处理，保证基础的水平度误差不能超过 1/500。同时塔机基础不得有积水，积水会造成塔机基础的不均匀沉降。在塔机基础附近内不得随意挖坑或开沟。

② 行走式底架。

行走式底架用于轨道式塔式起重机，塔机可沿轨道带载行走。

如图 1-29 所示，行走式底架一般由基础节、长梁、短梁以及斜撑等组成。长梁、短梁由销轴连接成十字架，四周由拉杆相连形成一个方形平面桁架。基础节用销轴固定在十字架上，基础节四周可安放压重块。斜撑杆通过螺栓及销轴分别与基础节、十字架相连。

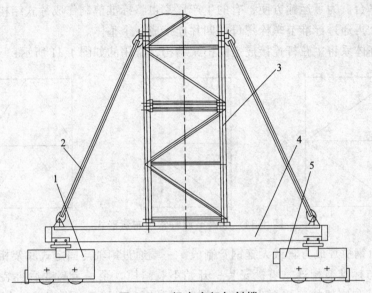

图 1-29 行走底架与斜撑

1—被动台车；2—斜撑；3—基础节；4—拉杆；5—主动台车

当塔式起重机用于行走时，在场地上需铺设轨道，以保证正常运行。钢轨一般用 42 kg/m 的重轨，钢轨下面采用基箱或枕木，均匀排列在夯实的约 40 cm 厚的道砟上。在铺设道砟前，场地的土壤必须夯实，路基土壤的承载能力必须大于 10 t/m²。

如图 1-30 所示，在轨道中间或两旁必须挖排水沟放水，免得道路积水影响路基。为了保证两根轨道间的整体性及保证正确的轨距，在两根轨道之间每隔 6 m 设一根拉条。用 12 号槽钢做拉条，以防轨距位移，钢轨尽头必须设限位装置，以防塔机出轨。

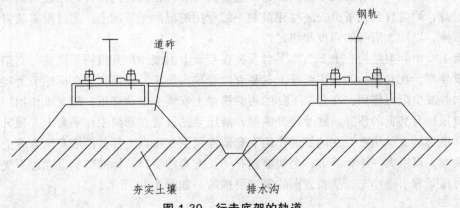

图 1-30 行走底架的轨道

（2）塔身及斜撑

塔身是塔式起重机最主要的受力构件之一，由标准节通过高强度螺栓联结而成。标准节的主弦杆和腹杆常用无缝钢管、角钢或方钢管制作，截面为正方形，沿塔身高度方向做成等截面或变截面结构。通常，自升式塔式起重机做成正方形等截面塔身，快装式塔式起重机做成正方形变截面塔身。整个标准节是一空间桁架结构，其中一侧两根主弦杆上各焊有两个支承块，该支承块在塔身加节或降节时起踏步的作用，各标准节内均设有工人上下的爬梯，以及供人休息的平台。为了运输方便，有的生产厂家也将标准节制作成片式结构，待运输到工地后，在地面上再通过标准节螺栓螺母将四片连接成一个整体。

标准节腹杆体系将主弦杆连接成空间桁架结构，常用的如图 1-31 所示：

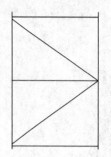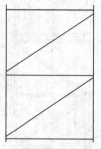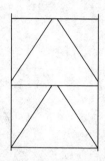

图 1-31　标准节腹杆常用布置形式

斜撑是由角钢拼焊成方管或无缝钢管制成。一端通过销轴与固定式底架相连，另一端通过销轴和抱箍与标准节相连，塔机安装一开始不装斜撑，至一定高度后再装上。斜撑的作用是使塔身底部和底架的连接更为牢靠，同时提高塔身危险断面的位置，以减小塔身的计算长度。

（3）套架

随着高层和超高层建筑的大量增加，普通的上回转和下回转型式的塔式起重机已不能完全满足大高度吊装工作的需要了。因为这两种塔机塔身高度太大时，会使其钢结构过于笨重，起重机的安装架设也会很困难。所以，当建筑物的高度超过 50 m 时，必须采用自升附着式塔机。

自升式塔机的构造与普通上回转塔机相比较，只是增加了一个套架和一套顶升机构。自升式塔机有内爬式和附着式两种。内爬自升式塔机安装在建筑物内部，利用建筑结构来固定和支承塔身；附着自升式塔机安装在建筑物一侧专用的混凝土基础上，通过附着装置与建筑物连成一体，以增加塔身的强度和稳定性。

套架主要由套架结构、上下工作平台及装在套架上的液压顶升机构等组成。套架套在塔身标准节外部，在套架的四根主弦杆上各装有两套导向滚轮，以便套架在标准节上爬升降节时起导向并减少阻力作用；在套架下部的两侧横梁上安装有摆动爬爪，起支承作用；套架后侧装有液压顶升装置的顶升油缸及顶升横梁，液压泵站放置在套架工作平台上，顶升时顶升横梁顶在塔身的支承块上，在油缸的作用下套架连同下支座以上部分沿塔身轴心线上升，油缸顶升两次，可引入一个标准节；套架前侧有一长方形的窗口，标准节就是通过下支座上装有的引进横梁和引进小车，从长方形的窗口引进的，如图 1-32 所示。

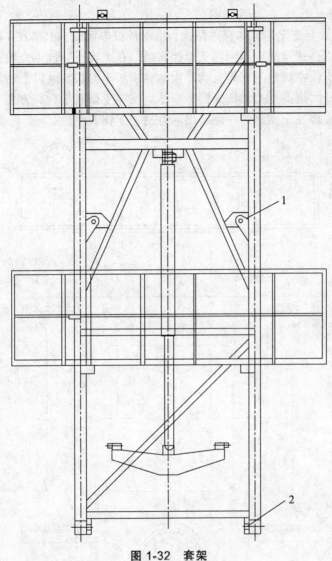

图 1-32　套架

1—爬抓；2—导向滚轮

　　风速问题和调平衡问题。塔身的加节与降节是通过套架来完成的，塔身的加节与降节的过程是重大安全事故多发阶段，在这一过程中风速问题和调平衡问题尤为重要。在套架的计算中，风载荷引起的套架内力占相当比重，风载荷与风速的平方成正比，风速增大会使风载荷引起的套架内力增加很多。因此，塔式起重机技术条件规定安装、爬升或顶升时风速不得大于 13 m/s；另一方面塔式起重机在加节与降节之前，应将自重产生的力矩调整为零，这一过程也叫调平衡。在套架的设计计算中，一般是按自重力矩调整为零来考虑的。不调平衡就进行顶升作业，自重产生的不平衡力矩可能会造成套架等结构件内力大幅度超出设计范围，造成破坏甚至导致重大安全事故。

　　塔式起重机在顶升加节、安装完毕后，套架通常是通过销轴挂在下支座下面；也有部分套架在顶升加节安装完毕后，将其放至地面。

（4）上支座

如图 1-33 所示，上支座是整体箱形结构，由钢板拼焊而成。上部有 4 块耳板，通过销轴与塔顶相连，下部用高强度螺栓与回转支承相联结，在上支座一侧垂直地安装有一套回转机构，在它下面的小齿轮准确地与回转支承外齿啮合。对于 QTZF30 以上的起重机通常采用双回转机构，这样回转时塔身受力均衡，同转平稳。支座上设有平台、方便工作。另一面设有回转限位器，司机室放在上支座另一侧，出入容易，工作安全。

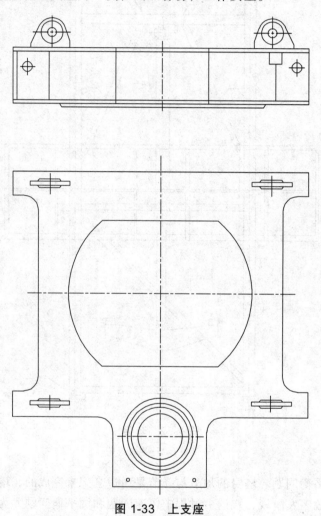

图 1-33　上支座

吊臂在一个反向回转时，突然人为地改变方向，使其向另一个方向回转，这叫打反车。由于塔式起重机塔身高、吊臂长，起重机在回转时突然反向回转，这时产生的瞬时扭矩特别大，对于塔身这样的细长杆特别危险，所以严禁塔式起重机在回转时打反车，也就是不允许利用打反车来制动。

（5）下支座

如图 1-34 所示，下支座上部用高强度螺栓与回转支承联结，支承上部结构；底部用高强度螺栓与标准节相联结，四角用销轴与套架相联结，下部装有一根引进标准节用的横梁。

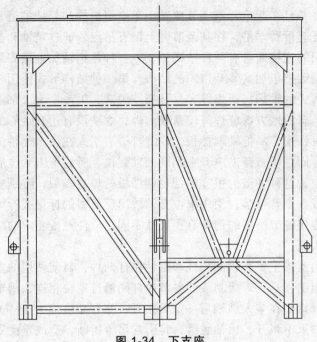

图 1-34 下支座

（6）吊臂及拉杆

小车变幅式吊臂一般采用格构式正三角形截面型式。吊臂的上弦杆为无缝钢管，下弦杆常用两个角钢拼焊成方管，兼做小车的运行轨道，整个臂架为三角形空间桁架结构。腹杆的布置，两个侧面桁架采用三角式体系，水平桁架采用带竖杆的三角式体系，如图 1-35 所示。

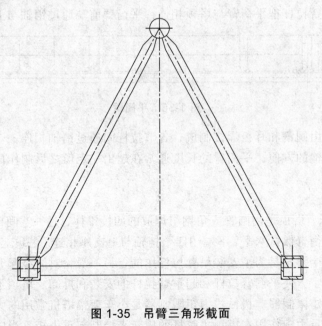

图 1-35 吊臂三角形截面

为了制造及运输的方便，将整个吊臂划分为数个臂架节，节与节之间用销轴联结；为了提高起重机性能，减轻吊臂重量，吊臂采用双吊点、变截面空间桁架结构；通常臂架根部用销轴与上支座相连，并且在起重臂第一节放置小车牵引机构和悬挂吊篮。吊篮是为了便于安装和维修。为了保证起重臂水平，在其余节臂上设有吊点，通过销轴和拉杆与塔顶相连。

吊臂节与节之间的连接通常有两种结构型式，一种是销轴加轴端安装开口销的结构；另一种是销轴加焊接轴端挡板加安装开口销的结构。第一种结构形式使用较普遍、可靠、装拆容易。第二种结构形式的轴端挡板焊缝容易开裂、脱落，生产厂家大都不愿采用。这是因为在焊接轴端挡板时，有的地方焊缝焊得较薄或虚焊，焊缝没有达到足够的强度，这样在安装的过程中锤击销轴时，很容易把轴端挡板的焊缝打裂。工人在锤击销轴的过程中，往往不是看着销轴逐步到位，而是听着锤击声音来判断销轴到位，听到锤击到位后的音时销轴凸缘正好撞击在轴端挡板上，这种冲击力很容易把轴端挡板的焊缝震裂，特别容易造成安全事故。

由于吊臂制造成数个臂架节，使用单位必须按出厂所做的标记或标牌顺序组装，切不可互相更换。又由于连接各节吊臂的销轴直径尺寸不同，应注意按相应的配合尺寸对应安装，切不可将小销装入大孔。

吊臂拉杆的结构型式主要有软性拉杆和刚性拉杆两种，目前使用的多数为多节拼装的刚性拉杆。拉杆是由圆钢和耳板焊接制成，各节拉杆间通过销轴相连，销轴的防松脱措施采用轴端安装开口销。开口销在装人销轴后一定要张开，张开角度应大于 90°。这是因为起重机承受的交变载荷，如果不张开，销轴脱落，将引起吊臂折断，造成重大安全事故。刚性拉杆是重要的受力杆件，安装、运输及堆放过程中切勿损伤，每次使用前必须严格检查。

（7）平衡臂及拉杆

如图 1-36 所示，平衡臂是由槽钢拼焊而成的一个平面桁架，四周有护栏，四面有钢板网作为走道；起升机构和平衡重都放在平衡臂的尾部。根据不同的臂长配备不同的平衡重，平衡重力的作用在于改善塔身受力，减少弯矩作用。为了保持平衡臂的水平，在它尾部有两拉板通过销轴和平衡臂拉杆把平衡臂与塔顶相连，平衡臂前端通过销轴与上支座相连。

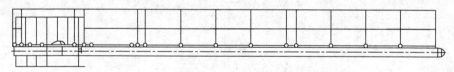

图 1-36 平衡臂

平衡臂拉杆是由圆钢和耳板焊接制成，各节拉杆间通过销轴相连。

为了制造及运输的方便，平衡臂的长度通常在超出一定值之后制作成两节，节与节之间用销轴连接。

（8）塔顶

如图 1-37 所示，塔顶是由圆管或角钢组焊成的四棱锥体，是一空间桁架结构。上端通过拉杆使起重臂与平衡臂保持水平，下端用四个销轴与上支座相连。塔顶上一般装有两个滑轮，塔顶最上端的那一个滑轮是为了安装吊臂拉杆用的，另一滑轮对缠绕起升绳起导向作用。塔顶护栏的作用是为了方便平衡臂拉杆和起重臂拉杆的安装和拆卸。塔顶下端一根主弦杆上安装了一套机械式力矩限制器。机械式力矩限制器是小车变幅塔机常用的力矩限制器，其作用原理是通过放大起重力矩作用在塔顶主弦杆的应变来控制起重力矩，当应变超过设计值，行程开关动作切断起升及向外变幅电路。该种机械式力矩限制器的特点是构造简单、工作可靠、成本低。

按主弦杆的倾斜型式，塔顶可分为前倾式、对称式和后倾式。为了减轻整机重量，降低安装高度，目前有部分塔顶采用斜撑杆代替。

图 1-37　塔顶

　　（9）驾驶室

　　如图 1-38 所示，驾驶室是一封闭式构件，独立侧置，宽敞、舒适、安全、操作方便，视野开阔。内部安装的联动控制台充分运用了人机工程学的原理，司机可通过联动控制台对各机构进行操纵控制，控制台手柄操作灵活、可靠、定位明显准确，并设有零位自锁装置，以防止误动作；控制台上座椅的高低、前后倾斜都可以调整，并可折叠，便于司机行走畅通。司机室的地板铺设了橡胶板，起绝缘、防滑作用。为了极大地提高舒适度，根据需要可安装铁壳防护式冷暖空调，还可配备监控系统，使司机及时了解起升吊钩的工作状况。

　　目前很多塔机使用了太空舱，太空舱的使用可提高司机的视野达 40%以上，增加了安全性，更大地体现人性化设计理论。

图 1-38　驾驶室

　　（10）附着装置

　　当塔机超过它的独立高度的时候要架设附着装置，如图 1-39 所示，以增加塔机的稳定性。附着装置是由二根或四根撑杆和一套环梁等组成，它主要是把塔式起重机固定在建筑物的结构上，起到依附作用。

　　环梁由角钢和钢板焊接而成，使用时环梁套在标准节上，四角用八个调节螺栓通过顶块把标准节顶牢，通过环梁下的四个抱箍使附着架在标准节上定位。环梁通过三根或四根撑杆与建筑物连成一体，撑杆与建筑物的连接点应选在混凝土柱上或混凝土圈梁上。用预埋件或过墙螺栓与建筑物结构有效连接。有些施工单位用膨胀螺栓代替预埋件，或用缆风绳代替附着支撑，这些都是十分危险。

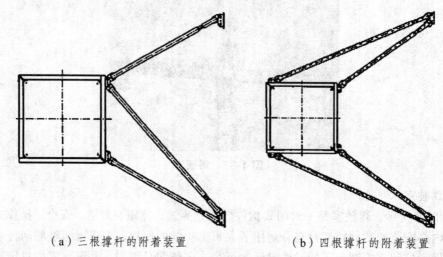

（a）三根撑杆的附着装置　　　　　（b）四根撑杆的附着装置

图 1-39　附着装置

每根撑杆的长度可调节，各撑杆应保持在同一平面内，调整顶块及撑杆的长度使塔身轴线垂直。一般附着后，附着点以下塔身的垂直度不大于 2/1000，附着点以上垂直度不大于 3/1000。

附着装置要按照塔机说明书的要求架设，附着间距和附墙点以上的自由高度不能任意超长（具体的附墙点允许根据建筑物的实际情况，在 1 m 范围内进行适当的调整）。超长的附着撑杆应另外设计并进行强度和稳定性的验算。

1.6.7　塔式起重机的工作机构

（1）顶升机构

目前，自升式塔式起重机顶升机构主要有液压顶升式、齿轮齿条顶升式。应用较多的是液压顶升式。

液压顶升机构是用于自升式塔式起重机塔身升高或降低的液压动力系统。通过电动机驱动液压泵，将电能转化成液压能，再经过控制阀驱动液压缸转变为机械能驱动负载，使下支座以上部分与塔身标准节脱开，来完成塔身的升高或降低。

液压顶升机构由电机、齿轮泵、手动换向阀、油缸、爬爪等组成。该机构操作方便，工作平稳，安全可靠。由于采用双向回油节流调速系统，能有效地控制下支座以上部分的顶升和回缩速度；在油路中装有液压锁（或限速锁），可保证液压缸工作过程中随时停留在任意位置，不致因瞬间停电或空气开关脱扣时，下支座以上部分自行下滑而发生危险。

（2）变幅机构

变幅机构可分为两种：运行小车式（简称小车式）变幅机构和吊臂俯仰摆动式（简称动臂式）变幅机构。

小车式变幅机构是利用小车沿吊臂水平移动来实现变幅的。它的优点是安装就位准确、变幅速度快、幅度利用率大，该变幅方式目前应用较广。牵引钢丝绳的一端缠绕固定在卷筒上，另一端固定在小车上，变幅时靠绳的一松一放来保证小车正常工作。

动臂式变幅机构是利用吊臂俯仰摆动来实现变幅的。它的优点是在建筑群的施工中不容易产生死角，拆装比较方便，它的缺点是幅度利用率低。

（3）回转机构

回转机构由回转支承装置和回转驱动装置两部分组成。回转支承装置将整个回转部分（包括吊臂、司机室、平衡臂、起升机构等）支持在固定部分上，并承受起重机回转部分作用于它的垂直力、水平力和倾覆力矩。回转机构通过回转支承可使回转部分在左、右方向上做360°全回转。由于安装了回转限位开关，塔式起重机左、右回转运动一般限定为两圈。

回转支承装置按结构特点可分为：立柱式和转盘式两大类。

转盘式回转支承装置一般也可分为两种：支承滚轮式和滚动轴承式。

滚动轴承式回转支承装置是由球形滚动体、回转座圈和固定座圈组成。自升式塔式起重机上普遍采用滚动轴承式回转支承装置中的单排球式回转支承。该回转支承回转摩擦阻力矩小，承载能力大，高度低，结构紧凑，性能优良。

目前回转机构大体可分为以下几类：

① 绕线电机加液力耦合器的回转机构。该机构由立式绕线电机、液力耦合器、盘式制动器、立式行星减速器、输出小齿轮等构成。由于采用绕线式起重电机加电阻器起动，液力耦合器传动和直流盘式制动器，因此整个塔式起重机回转时，起动、制动平稳，无冲击，目前应用较广；但停车时有滑转，就位性能稍差，靠司机操作的熟练程度和技术水平来提高就位性能。盘式制动器处于常开状态，可用于塔机工作时的制动定位，以提高工作效率。

② 涡流制动绕线电机驱动的回转机构。该方案目前应用较多。控制系统设计合理时，就位性能比液力耦合器的方案稍好。

③ 变频无级调速的回转机构。回转机构是塔机惯性冲击影响最直接的传动机构，臂架越长，影响越突出。传统的有级变速机构无法解决这一难题，导致臂架、塔身的扭摆冲击大，电机停车后臂架溜车时间长，就位很困难，回转减速机容易损坏。变频无级调速的回转机构可以解决以上问题，其调速原理与变频无级调速的起升机构相同，优点是起动、制动极其平稳，就位迅速准确；但成本较高，一般应用在中、大吨位塔机上。

（4）起升机构

起升机构是塔式起重机最重要的传动机构，用以实现重物的升降运动。它通常由电机、减速器、卷筒、制动器、离合器、钢丝绳、滑轮组、高度限位器等组成。

① 起升机构的穿绕系统。

起升机构的穿绕系统是传动的一部分，其起升钢丝绳的穿绕方法如图1-40所示。起升钢丝绳的一端缠绕固定在卷筒上，另一端固定在吊臂端部，通过卷筒、钢丝绳、滑轮组，起升机构将电机的旋转运动转变为吊钩的垂直上、下运动。

② 滑轮倍率变换装置。

滑轮倍率变换装置的目的是为了使起升机构的起重能力提高一倍，而起升速度降低一半，这样起升机构能够更好地满足工作的需要。变换倍率的方法如下：将由四滑轮组成的四倍率吊钩降到地面，取出中间的销轴，然后开动起升机构，将吊钩上滑轮升到载重小车的下部固定住，这时吊钩滑轮由四倍率变为二倍率。利用同一原理，吊钩若需要从二倍率变为四倍率，只需将吊钩落地，放下吊钩上滑轮，用销轴连接即可。

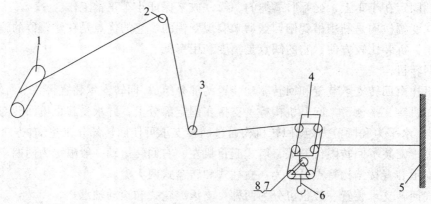

图 1-40　起升机构钢丝绳穿绕系统

1—起升卷筒；2—塔顶滑轮；3—起重量限制器滑轮；4—载重小车；
5—臂端固定点；6—吊钩；7—上滑轮；8—中间销轴

③ 起升机构的分类。

目前按照调速方式的不同，起升机构大体可分为以下几类：

A. 多速电机变级调速的起升机构。该机构一般是由三速电机、圆柱齿轮减速机、液压推杆制动器、高度限位器等组成。通过改变电机的极对数而改变电机的转速，使得整个机构具有高、中、低三挡转速，以实现高速轻载、低速重载的工作要求。调整卷筒尾部的高度限位器，可以实现吊钩在预定高度时，起升机构停止工作且抱闸制动，若想再次起动，则只能先下降吊钩。该机构具有调速比大，构造简单，操纵方便，应用较广的优点；但起动电流和换挡切换电流较大，使用受到一定限制。四绳最大起重量小于等于 6 t 的中小型塔机以该方式调速为主。

B. 电磁离合器换挡的起升机构。采用带涡流制动的单速绕线转子电机驱动装有 2～3 个电磁离合器的减速箱。靠电磁离合器换挡改变减速器的速比，靠带涡流制动的单速绕线转子电机串电阻获取较软的特性和慢就位速度。该起升机构的优点是运行比较平稳，调速比可以设计较大。但电磁离合器寿命短，可靠性差，减速器成本较高。该调速方式我国已采用几十年，现在已逐渐被淘汰。

C. 差动行星减速器加双电机驱动的起升机构。行星减速器的太阳轮由一台电机驱动，行星架由另一台电机经行星减速驱动，外轨道的内齿圈固定在起升卷筒上。卷筒转速取决于两台电机的转速和转向，同向快速，反向慢速。如果是单速电机，每台电机则有正转、反转和停止三种状态与另一台电机相配，因此速度挡位很多。如果用多速电机，速度挡位就更多了，这就是差动调速原理。差动行星减速器结构复杂，加上双电机，成本较高，大多数生产厂家都不采用该机构。

D. 涡流制动的多速绕线转子电机驱动的起升机构。采用多速电机驱动普通单速比减速器。带涡流制动的多速绕线转子电机彻底解决了起升机构起、制动和换挡时切换电流大的问题，有慢就位速度，功率可以比鼠笼电机用得大。具有调速范围大，起动冲击小，工作平稳，就位准确的优点。目前 8 ~ 12 t 起升机构大多采用这种调速方式，不足之处是电机较昂贵。

E. 变频无级调速的起升机构。变频调速是目前塔式起重机中最先进的交流调速方式。变频调速的原理是通过改变电动机定子供电频率来改变同步转速而实现调速。它的特点是无级调速，慢就位速度可长时间运行，可以零速制动。具有调速范围宽，运行平稳无冲击，安装就位准确，能满足不同工况的需求的优点。由于软启动、软停止的功能降低了机械传动冲击，可明显改善钢结构的承载性能，延长钢结构和传动件的寿命，提高塔机的安全性。该调速方式由于成本较高，一般中小吨位起升机构应用少，大吨位应用较多，是今后发展的方向。

1.6.8 塔式起重机的安全装置

安全装置是塔式起重机的一个重要组成部分。《塔式起重机安全规程》（GB5144 ~ 2006）对各种安全装置作了明确的规定。这些安全装置的设置、安装调试正确与否，安全装置的可靠性等直接关系到塔式起重机的使用安全。比如塔式起重机过载作业会造成起重钢丝绳断裂、传动机构损坏、电动机烧坏等事故，更严重会造成钢结构永久变形、折断以及过载破坏了塔式起重机的整体稳定性而发生倾翻等恶性事故。塔式起重机任意角度地旋转会造成主电缆线的扭断，形成短路或断电事故。有了这些安全装置，可以有效地防止这类事故。

安全装置有限制器、限位器、钢丝绳防脱、防断装置等。由于塔式起重机的类型不同，因此安全装置设置的种类也稍有不同。行走式塔式起重机必须设置行走限位，但固定式塔式起重机就无须设置。带有集电环装置的塔式起重机，可以任意角度地进行旋转，而没有集电环装置的就必须设置回转限位。但是尽管类型不同，塔式起重机安全设置中起重力矩限制器、起重量限制器、起升高度限位器、幅度限位装置是必不可少的。

（1）限制器

① 起重量限制器。

起重量限制器的作用是限制塔式起重机的最大起重量，防止过载。在多速起升机构中，由于各种起升速度的最大起重量不同，因此要设置不同的起重量限制器。在同一起重量限制器上往往设置了多个控制触头，可以满足限制不同起重量的需要。起重量限制器的误差不应大于实际值的 ±5%。起重限制器有机械式和电子式，机械式起重限制器有弹簧秤式、弓形等；弹簧式限制器的结构类似于弹簧秤。

② 起重力矩限制器。

起重力矩为起重量与幅度的乘积，在塔式起重机的每一个幅度都有一个相对应的最大工作载荷，幅度越大，载荷越小。因此需要有一个与之变化相同的限位装置来限制每一幅度相应的最大载荷，这就是力矩限制器的作用。力矩限制器有机械式和电子式。

（2）限位器

① 起升高度限位器。

起升高度限位器的作用是限制起升吊钩的最大起升高度，限制吊钩与起重臂的最小安全距离。防止因司机操作不当造成吊钩冲撞起重臂，出现冒顶事故，冒顶事故会造成起升钢丝绳拉断、起重臂拉翻等恶性事故。起升高度限位器主要有重锤式、顶杆式、限位式。重锤式、顶杆式适用于动臂式塔式起重机，限位式适用于水平臂式塔式起重机。

② 幅度限位器。

幅度限位器的作用是限制塔式起重机工作幅度变化的范围。防止变幅超出范围，造成安全事故。塔式起重机的变幅有两种不同的方式，一种是改变起重机倾角来改变吊钩的工幅度，也叫动臂式变幅；另一种是水平移动变幅小车，改变变幅小车在起重臂上的位置，来改变吊钩的工作幅度，也叫水平臂式变幅。两种形式变幅限位的原理是相同的，只是组成的结构不同。

③ 回转限位器。

回转机构不设集电器的塔式起重机应装回转限位器。在限位器的输出轴上安装小齿轮，并与回转大齿圈啮合，当塔式起重机回转时带动限位器输入轴旋转。调整后，其回转角度（圈数）被限位器记录下来。每次塔式起重机回转到规定的旋转圈数后，限位器中的微动开关就被记忆凸轮打开而停止该方向的旋转。

（3）其他安全装置

① 钢丝绳防脱装置。

塔式起重机在运行中，由于冲击、颠簸、钢丝绳松动等原因都有引起钢丝绳脱槽的可能。钢丝绳脱槽轻者造成钢丝绳损坏，重者引起重大设备安全事故。因此在塔式起重机的滑轮、起升钢丝绳卷筒及动臂式变幅卷筒均应设有钢丝绳防脱装置，特别是起升钢丝绳卷筒，必须设置钢丝绳防脱装置。要求装置与滑轮或钢丝绳卷筒侧板最外缘的间隙不应超过钢丝绳直径的20%。

② 变幅小车断绳保护装置。

变幅小车牵引钢丝绳断绳会造成起吊着重物的小车在起重臂上滑动，如果滑向起重臂大幅度方向，会造成塔式起重机过载，另外被吊的重物失去控制，会造成碰撞人员或碰撞施工现场其他物体的事故，因此变幅小车上须有断绳保护装置。

③ 变幅小车断轴保护装置。

变幅小车是依靠四个滚轮在起重臂的下弦杆上滚动，四根滚轮轴承受小车、吊具及起重物的全部重量。变幅小车断轴会引起重大安全事故，因此必须设置变幅小车断轴保护装置。要求装置能够承受小车的最大载重量。

（4）监视装置

随着塔式起重机的规格越来越大，工作高度不断增高，施工项目越来越复杂，操作人员视线受阻、视线盲区的现象增多，操作司机光靠肉眼的观察操作有时显得力不从心。塔式起重机的监视装置渐渐凸显其在塔式起重机上的重要性。施工现场监视现在主要采用无线可视监视器实现监视。把无线摄像头安装在吊钩或变幅小车上，监视显示器安装在司机室内。

使用无线可视监视系统要注意：

① 无线摄像头安装位置具有较高强度的防撞装置，保护摄像头的安全，防止摄像头被撞。

② 要设置防止摄像头、电池等物件坠落装置，防止意外坠落砸到人员，发生安全事故。

（5）塔机监控管理系统

① 报警装置。

塔机应装有报警装置。在塔机达到额定起重力矩和（或）额定起重量的90%以上时，装置应能向司机发出断续的声光报警。在塔机达到额定起重力矩和（或）额定起重量的 100%

以上时，装置应能发出连续清晰的声光报警，且只有在降低到额定工作能力 100%以内时报警才能停止。

② 显示记录装置。

塔机应安装有显示记录装置。该装置应以图形和/或字符方式向司机显示塔机当前主要工作参数和额定能力参数。主要工作参数至少包含当前工作幅度、起重量和起重力矩；额定能力参数至少包含幅度及对应的额定起重量和额定起重力矩。对根据工作需要可改变安装配置（如改变臂长、起升倍率）的塔机，显示装置显示的额定能力参数应与实际配置相符。显示精度误差不大于实际值的 5%；记录至少应存储最近 1.6×10^4 个工作循环及对应的时间点。

1.6.9　塔式起重机的顶升过程

（1）顶升工艺

自升式塔机顶升加节工艺分为三种：下顶升、中顶升和上升。对于现代外附着式塔机，由于顶升时不能松开锚固装置，一般采用由塔身侧面推入标准节的中顶升加节工艺。

这种顶升接高还存在有两种情况：

① 整个塔架分为上、下两部。上部是内塔架，采用整体结构；下部是外塔架，采用散拼结构。在顶升接高时，先拼装接高外塔架，然后再顶升内塔架。如此外接内顶，反复交替进行，达到需要高度后，将内塔架固定并与外塔架联固。

② 通过顶升套架先将塔机上部顶起，在套架内形成能容入一个标准节的所需空间后，将标准节经由引进轨道引入套架内，与下部塔身连成一体。这种标准节可以是整体式，也可以是拼装式（国外塔机多采用），拼装式须预先在地面组拼好。目前，国产塔机几乎都采用这种顶升接高工艺。

（2）顶升过程

图 1-41 为 QTZ80 型塔机加入标准节一个循环的液压顶升接高过程示意图，其拆卸下降标准节过程则反之。

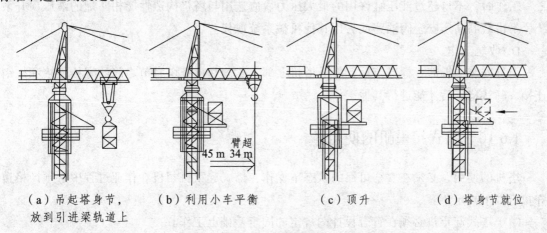

（a）吊起塔身节，　　（b）利用小车平衡　　　（c）顶升　　　　（d）塔身节就位
　放到引进梁轨道上

图 1-41　顶升过程

（3）液压顶升工作要点

① 使用前调整。

A. 排净液压缸内的空气。

如果在液压缸内存有空气，则在顶升塔机过程中，一旦终止供油，顶起的塔机上部在重力下会下降，造成下滑故障。

排净液压缸内空气，必须在液压缸无负荷情况下进行，排气时，整个顶升系统应挂在塔桅主弦杆的爬爪上。

B. 调整节流阀。

在顶升工作中，顶起的塔机上部下降速度不得加快，以免造成抖动现象。为此，应及时调整节流阀流量，以调整塔机上部下降的速度。

节流阀流量的调整应在排净液压缸内残存空气之后进行。调定时，顶升套架必须支托在塔身爬爪上，并且液压缸不得承受任何载荷。

② 注意要点。

A. 顶升前的准备工作。

按塔机使用说明书中规定的数据将塔机变幅小车开到指定位置，或将小车吊起规定的载荷后移停在指定的幅度位置，以保证塔机上部结构完全平衡。

工作人员按各自的工作规定进入岗位，检查泵站的油压是否正常，并检查和调整顶升套架导轨（轮）的间隙。

B. 顶升过程。

应有专人负责指挥，专人照管电源，专人操作液压泵，专人拆、紧连接件。一般不得在夜间进行顶升操作。风速超过五级时，不论风向如何，均应禁止顶升作业。顶升中，禁止转动起重臂；一般应先将回转机构锁定住。如遇到卡阻或发生其他故障，须立即停机检查。故障未经排除不得继续顶升。

C. 在液压泵站投入运行前，应先拧松高压安全阀。

工作时，不得超过液压缸许用的最大压力。应选用与塔机构造性能相匹配的液压顶升系统。不得截断高压安全阀油路或另用其他机械系统取代。

D. 收尾工作。

引进安装（拆卸）标准节后，降下塔机上部，紧固和检查塔身节之间的螺栓连接和柱销连接，确认稳妥后才能进行其他工作。

1.6.10 塔式起重机的使用

塔机的使用，必须在安全可靠的状态下操作，塔式起重机司机在作业过程中必须严格遵守执行以下规定：

（1）塔式起重机必须在符合设计图规定的固定基础上工作。

（2）在塔式起重机的任何部位，不得悬挂标牌，避免标牌在塔式起重机上产生附加风载荷，额外增加对塔式起重机不利的工作状况。

（3）司机必须熟悉所操作的起重机的性能，了解机构构造，熟知机械的保养和安全操作规程，掌握所操作塔式起重机的各种安全保护装置的结构、工作原理及维护方法，发生故障时必须立即排除，不得操作安全装置失灵的塔式起重机。操作过程中，严格按照塔式起重机使用说明书的规定进行操作使用。起重吊物时，应严格按照贴在驾驶室里的塔机起重性能表进行起重物，严禁超载。驾驶员应拒绝在重量限制器或力矩限制器不正常的情况下上机操作。力矩限制器在正确操作塔机的情况下是不动作的，即不报警，只有在超载状况下才动作，因此平时往往不引起注意。驾驶员要经常检查力矩限制器，压一压力矩限制器上行程开关的触头，若报警铃响，证明力矩限制器是正常的；不报警，就是有故障，应修理调整好后，才可以操作塔机。

（4）严禁斜拉斜拽重物，严禁吊拔埋在地下或黏结在地面、设备上和重物以及不明重量的重物。由于斜拉斜拽重物时，相当于对塔机会产生一个附加的水平倾翻力矩，而力的力臂是塔机的高度，故附加水平倾翻力矩是比较大的，对塔机的安全稳定性是有很大危害的，司机应坚决抵制这样野蛮的操作方式。

（5）塔式起重机开始工作时，司机应首先发出音响信号，回应指挥的信号，并提醒工作现场的作业人员注意。

（6）吊挂重物时，必须符合下列规定：

① 吊钩必须用吊具、索具吊挂重物，严禁直接用吊钩吊挂重物。

② 起吊短碎物料时，必须用强度足够的网、袋包装，不能直接捆扎起吊；起吊细长物料时，物料最少捆扎两处，并且用两个吊点吊运，在整个吊运过程中，应使物料处于水平状态。

③ 在整个吊运重物过程中，重物不得摆动、旋转；不得吊运不稳定的重物，吊运体积较大的重物，应拉溜绳；不得在起吊的重物上悬挂任何重物。吊运重物不得从人头顶通过，吊臂下严禁站人。放下吊钩时，不要让吊钩落地，以防钢丝绳松弛使钢丝绳反弹、脱槽现象的发生。若这种现象一旦发生，必须立即处理解决。

④ 吊运重物时，不得猛起猛落，以防吊运过程中发生物料散落、松绑、偏斜等情况。起吊重物时，先将重物吊起离地面 50 mm 左右停住，确定制动、物料捆扎、吊点位置和吊具、索具无问题后，方可指挥操作。重物已吊起至一定高度时，如发现有下滑现象，应立即打回低速挡，绝不可以打向高速挡。因为在功率一定的情况下，起升速度与起升重量是反比例关系，重载低速，轻载高速。对于用电磁离合器换挡的起升机构，在重载下，不许在空中换挡。

⑤ 操纵控制器时必须从零挡位开始，然后逐步推到所需要的挡位；传动装置做反向运行时，控制器先回零位，再逐挡逆向操作，禁止越挡操作和急停急开。因急停急开，使塔机在短时间内产生很大的冲击力，相应的塔式起重机就会产生很大的应力，安全稳定性大大降低，对塔机的结构、钢结构具有很大的破坏作用。不要过多地使用点动方式工作，因为点动是一个启动过程，瞬间会产生很大的破坏作用。

⑥ 司机在操作过程中必须集中精力，当安全装置显示或报警时，必须按塔式起重机使用说明书中的有关规定进行操作。

⑦ 塔式起重机正常工作时的风速为不大于 20 m/s，超过 20 m/s 时，禁止操作塔式起重机。正常工作温度为 – 20 ~ 40 ℃。

（7）不允许塔式起重机超载作业，在特殊情况下如需超载，不得超过额定载荷的 10%，并由使用部门提出超载使用的可行性分析报告和超载使用申请报告，报告应包括下列内容：

① 超载作业项目和内容；

② 超载作业的吊次和超载值；

③ 超载作业过程中所必须采取的安全措施；

④ 作业项目和使用部门负责人签字；

⑤ 设备主管部门和主管技术负责人对上述报告审查后签署意见并签字。

（8）超载使用时，必须选派有经验的塔式起重机司机操作和选派有经验的指挥人员指挥作业。

（9）在起升过程中，当吊钩滑轮组接近起重臂 5 m 时，应用低速起升，严防与起重臂顶撞；严禁用自由下降的方式下降吊钩和重物，当重物下降距就位点 1 m 处时，必须采用慢速就位。

（10）作业中平移起吊重物时，重物距所跨越障碍物的高度不小于 1 m；不得起吊带人的重物，禁止用塔式起重机吊运人员。

（11）作业中，临时停歇或停电时，必须将重物卸下，升起吊钩，将各操作手柄置于“零”位。如因停电无法升、降重物，则应根据现场的具体情况，经相关人员研究，采取适当的措施。

（12）塔式起重机在使用过程中，严禁对传动部分、运动部分以及运动部件所涉及区域做维修、保养、调整等工作。

（13）塔式起重机在工作过程中，遇有下列情况应停止作业：

① 恶劣气候，如大雨、大雪、大雾，超过允许工作风力 20 m/s 等，影响安全作业；

② 塔式起重机出现漏电现象；

③ 钢丝绳严重磨损、扭曲、断股、打结或脱槽；

④ 安全保护装置失效；

⑤ 各传动机构出现异常现象和有异常响声；

⑥ 钢结构件部分发生变形，主要受力结构件的焊缝出现裂纹；

⑦ 塔机发生其他妨碍作业及影响安全的故障。

（14）钢丝绳在卷筒上缠绕必须整齐，若出现爬绳、乱绳、啃绳、断绳各层的绳索互相塞挤时应立即停止作业，问题解决后方可继续作业。塔式起重机在出厂时，所有的钢丝绳的内扭力都已释放，在塔机作业时，若出现钢丝绳打扭严重，应该停止操作，拆下绳头，尽量放出绳长，使内扭力释放后，在将钢丝绳装上。

（15）不允许在塔式起重机的各个部位上乱放工具、零配件或杂物，严禁从塔式起重机上向下抛扔物品。

（16）塔式起重机司机必须在规定的通道内上、下塔式起重机，不允许在无平台的高空中从塔式起重机内翻到塔式起重机外或从塔式起重机外翻到塔式起重机内。上下塔式起重机时，不得携带任何物件。

（17）多台塔式起重机作业时，应避免各塔机在回转半径内重叠作业。在特殊情况下，需要重叠作业时，必须符合下列规定：两台塔机之间的最小架设距离应保证处于低位塔机的起重臂端面与另一台塔机之间至少有2 m的距离；处于高位塔机的最低位置的部件（吊钩升到最高点或平衡重的最低位）与低位塔机中处于最高位部件之间和垂直距离不应小于2 m。

（18）塔式起重机司机必须专心操作，作业中不得离开驾驶室；塔式起重机运转时，司机不得离开操作位置。

（19）塔式起重机作业时，禁止无关人员上下塔式起重机，驾驶室内不得放置易燃易爆物品、危险品和妨碍操作的物品，防止触电和火灾事故的发生。驾驶室内应配备有消防器材。

（20）在夜间工作时，作业现场必须有足够的照明，并打开红色障碍指示灯。

（21）塔式起重机应定机定人，由专人负责，非机组人员不得进入驾驶室擅自进行操作；在处理机械、电气故障时，必须有专职维修人员两个以上。

（22）每班工作后的要求：

① 凡是回转机构带有制动装置或常闭式制动器的塔机，在停止作业后，驾驶员必须松开制动，绝对禁止限制起重臂随风转动。

② 对小车变幅的塔式起重机，应将小车开到说明书中规定的位置，并且将吊钩起升到最高点，吊钩上严禁吊挂重物；对动臂式塔式起重机，将起重臂放在最大幅度位置。

③ 把各控制器拉到零位，切断总电源，将所用的工具收集摆放好、关好所有门窗并加锁，夜间打开红色障碍指示灯。

④ 凡是在底架以上无栏杆的各部位进行检查、维修、保养、加油、螺栓紧固等工作时，必须系好安全带。

⑤ 填好当天工作的履历书及各种记录。

1.7 自行式起重机

自行式起重机是可以配备立柱或塔架，能在带载或空载情况下，沿无轨路面运动，依靠自重保持稳定的臂架型起重机。

1.7.1 自行式起重机的分类

按照底盘形式不同，自行式起重机分为轮式起重机，履带式起重机和专用流动式起重机。其中轮式起重机又可分为汽车起重机/全地面汽车起重机和轮胎起重机。

1.7.2　自行式起重机的特点

自行式起重机的特点见表1-9。

表1-9　自行式起量机的特点

项　目	汽车式起重机	轮胎式起重机
底盘来源	通用汽车底盘或加强式专用汽车底盘	特制充气轮胎底盘
行驶速度	汽车原有速度，可与汽车编队行驶，速度≥50 km/h	≤30 km/h，越野型可以>30 km/h
发动机位置	中、小型采用汽车原有发动机；大型的在回转平台上再设一个发动机供起重机作业用	一个发动机，设在回转平台上或底盘上
驾驶室位置	除汽车原有驾驶室外，在回转平台上再设一个操纵室，操纵起重作业	经常只有一个驾驶室，一般设在加载转平台上
外形	轴距长，重心低，适用公路行驶	轴距短，重心高
工作范围	使用支腿吊重，主要在侧方和后方270°范围内工作	360°范围内全回转作业，并能吊重行驶
行驶性能	转弯半径大，越野性差，轴压符合公路行驶要求	转弯半径小，越野性好（需为越野型）
使用特点	可经常移动于较长距离的工作场地间，起重和行驶并重	工作场地较固定，在公路上移动较少，以起重为主，兼顾行驶

1.7.3　自行式起重机的组成

从机器角度看，其组成为动力装置、工作机构（行驶机构）、金属结构和传动与控制系统组成。

从机构角度看，其组成为起升机构、回转机构、变幅机构和行走机构组成。

1.7.4　自行式起重机的结构特点

所谓自行式起重机结构，通常是指其金属结构、它由起重臂、转台、车架和支腿四部分组成。

（1）起重臂

它是起重机主要的承载构件。自行式起重机的起重臂有两种形式：桁架臂和箱形伸缩臂。

① 桁架臂：由弦杆和腹杆焊接而成、现主要用于履带式起重机，也常用做汽车起重机的副臂，如图1-42所示。

图 1-42　履带式起重机桁架臂

② 箱形伸缩臂：由钢板焊接成多边形截面，若干节箱形臂套接组成伸缩臂，主要用于轮式起重机，如图 1-43 所示。

图 1-43　汽车式起重机箱形伸缩臂

（2）转台

它的作用是对吊臂后铰点、变幅油缸提供约束，同时将起升载荷、自重以及惯性载荷等通过回转支承装置传递到起重机底架上。

（3）车架

它是整个起重机的基础结构，其作用是将起重机工作时作用于回转支承装置上的载荷传递到起重机的支撑装置上。

（4）支腿

它的作用是在不增加起重机宽度的前提下，为起重机工作时提供较大的支撑跨度，以提高其起重稳定性。通常支腿都采用折叠或收放机构。

支腿形式分为 H 形支腿、X 形支腿、蛙式支腿和辐射形支腿。其中 H 形支腿应用最广，辐射形支腿主要用于大吨位起重机上。

1.7.5 自行式起重机起重特性

起重机的起重特性是保证起重机安全工作的重要依据。

反映自行式起重机的起重能力和最大起升高度随臂长、幅度的变化而变化的规律曲线，称为起重机的"特性曲线"，如图 1-44 所示。

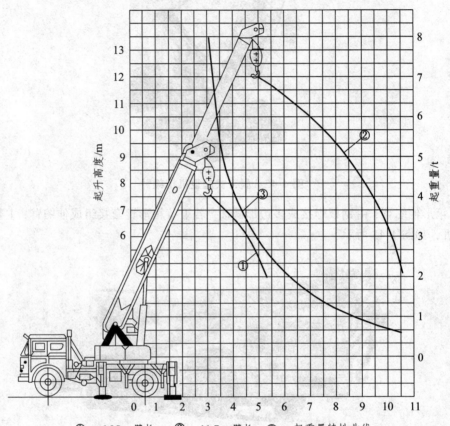

①—6.95 m臂长；　②—11.7 m臂长；③—起重量特性曲线

图 1-44　起重机特性曲线

只反映起重机的起重能力随臂长、幅度的变化而变化的规律曲线称为起重机的"起重量特性曲线"，又称"性能特性曲线"。

只反映最大起升高度随臂长、幅度变化而变化的规律曲线称为起重机的"起升高度特性曲线"，又称"工作范围曲线"。

实训 1

1. 钢丝绳常见的分类方式有哪些？
2. 钢丝绳的折旧和报废标准是什么？
3. 常见的吊具有哪些？

4. 吊梁的作用是什么？
5. 常见的塔式起重机类型有哪些？
6. 简述塔式起重机的工作机构。
7. 塔式起重机的安全装置有哪些？各自作用是什么？
8. 简述塔式起重机的顶升过程。
9. 自行式起重机的分类方式有哪些？
10. 什么是自行式起重机的"特性曲线"？

2 常用吊装工艺

随着我国装配式建筑的快速发展，吊装工程作为装配式建筑的一个重要环节，对其合理的吊装工艺也提出了更高的要求。吊装工程是施工企业机械化施工的重要工种之一，其内容是用起重设备吊起构件并安放和固定在设计的位置上。通过本章节了解吊装作业安全规范，掌握吊装基础知识，学习吊装工艺中相应的力学原理，把握基本的吊装工艺方法，熟悉吊装操作流程及工艺标准，提高吊装作业专业化水平，提高项目作业工效。

2.1 吊装作业安全规范

建筑施工安全是我们建筑施工行业的基石，是施工企业各项工作的前提。安全生产是人类生存发展过程中永恒的主题。随着社会的进步和经济的发展，安全问题正愈来愈多地受到整个社会的关注与重视。搞好安全生产工作，保证人民群众的生命和财产安全，是实现我国国民经济可持续发展的前提和保障，是提高人民群众的生活质量，促进社会稳定与创造和谐社会的基础。与吊装作业相应的法律条文有《中华人民共和国安全法》《建设工程安全生产条例》《特种设备安全监察条例》《危险性较大工程安全专项施工方案编制及专家论证审查办法》《建筑施工安全技术统一规范》等，见表 2-1 相关法律法规。

表 2-1 相关法律法规

分 类	名 称	颁布部门
法律	《中华人民共和国安全法》	全国人大
行政法规	《建设工程安全生产条例》 《特种设备安全监察条例》	国务院 国务院
部门规章	《危险性较大工程安全专项施工方案编制及专家论证审查办法》	住房和城乡建设部
常用规范性文件	《建筑施工安全技术统一规范》	住房和城乡建设部

2.1.1　吊装作业注意事项

（1）安全保证措施，防止起重机倾翻措施

① 吊装现场道路必须平整坚实，回填土、松软土层要进行处理。如土质松软，应单独铺设道路。起重机不得停置在斜坡上工作，也不允许起重机两个边一高一低。

② 严禁超载吊装。

③ 禁止斜吊。斜吊会造成超负荷及钢丝绳出槽，甚至造成拉断绳索和翻车事故。斜吊还会使重物在脱离地面后发生快速摆动，可能碰伤人或其他物体。

④ 绑扎构件的吊索须经过计算，所有起重工具，应定期进行检查，对损坏者做出鉴定，绑扎方法应正确牢固，以防吊装中吊索破断或从构件上滑脱，使起重机失重而倾翻。

⑤ 不吊重量不明的重大构件设备。

⑥ 禁止在六级风的情况下进行吊装作业。

⑦ 指挥人员应使用统一指挥信号，信号要鲜明、准确。起重机驾驶人员应听从指挥。

（2）防止高空坠落措施

① 操作人员在进行高空作业时，必须正确使用安全带。安全带一般应高挂低用，即将安全带绳端的钩环挂于高处，而人在低处操作。

② 在高空使用撬杠时，人要立稳，如附近有脚手架或已装好构件，应一手扶住，一手操作。撬杠插进深度要适宜，如果撬动距离较大，则应逐步撬动，不宜急于求成。

③ 工人如需在高空作业时，应尽可能搭设临时操作台。操作台为工具式，宽度为 0.8 ~ 1.0 m 临时以角钢夹板固定在柱上部，低于安装位置 1.0 ~ 1.2 m，工人在上面可进行屋架的校正与焊接工作.

④ 如需在悬高空的屋架上弦上行走时，应在其上设置安全栏杆。

⑤ 登高用的梯子必须牢固。使用时必须用绳子与已固定的构件绑牢。梯子与地面的夹角一般为 65° ~ 70°为宜。

⑥ 操作人员在脚手板上通过时，应思想集中，防止踏上挑头板。

⑦ 安装有预留孔洞的楼板或屋面板时，应及时用木板盖严。

⑧ 操作人员不得穿硬底皮鞋上高空作业。

（3）吊装作业操作注意事项

① 起重作业前必须检查起重机械完好，禁止使用不合格的起重用具。

② 打开吊物孔的工作人员必须戴安全带，有专人可靠的拉住安全带，并设专人监护。

③ 吊物孔打开后必须加设围栏，并悬挂警示标志。

④ 当一个起重工不能满足现场指挥要求时，必须增加起重工协助指挥。

⑤ 在启动、吊物下降、吊物接近地面工作人员、通道上方运行、设备发生故障时，司机均及时发出警告信号。起重设备下方禁止有人逗留。

⑥ 起吊重物不准让其长期悬在空中。有重物暂时悬在空中时，严禁驾驶人员离开驾驶室或做其他工作。

⑦ 禁止违章指挥，违章作业，做到十不吊：

A. 看不到指挥、指挥不明确、哨音不清或违章指挥不吊；

B. 重量不清楚或超载的不吊；

C. 容易发生溢流或泼洒、散落的不吊；

D. 工件或吊物捆绑不牢不吊；

E. 吊物上面有人不吊；

F. 斜拉歪拽工件不吊；

G. 安全装置不齐全或有动作不灵敏、失效者不吊；

H. 光线阴暗视线不清不吊；

I. 工件埋在地下、与地面建筑物或设备有钩挂不吊；

J. 菱角物件无防切割措施不吊。

2.1.2　吊装中的要求

① 土法施工用的滚动法装卸移动设备，滚杠的粗细要一致，年度应比托排宽度长 50 cm，严禁戴手套填滚杠。装卸车时滚边的坡度不得大于 20°，滚道的搭设要平整、坚实，接头错开，滚动的速度不宜太快，必要时要用溜绳。

② 在安装过程中，如发现问题应及时采取措施，处理后再继续起吊。

③ 用扒杆吊装大型塔类设备时，多台卷扬机联合操作，必须要求各卷扬机的卷扬速度大致相同，要保证塔体上各吊点受力大致趋于均匀，避免塔体受力不匀而变形。

④ 采用回转法或扳倒法吊装塔罐时，塔体底部安装的铰腕必须具有抵抗起吊过程中所产生水平推力的能力，起吊过程中塔体的左右溜绳必须牢靠，塔体回转就位高度时，使其慢慢落入基础，避免发生意外和变形。

⑤ 在架体上或建筑物上安装设备时，其强度和稳定性要达到安装条件的要求。在设备安装定位后要按图纸的要求连接紧固或焊接，满足了设计要求的强度和具有稳固性后，才能脱钩，否则要进行临时固定。

2.1.3　吊装中人员要求

① 进入工地的工作人员必须配戴安全帽。

② 吊车进入吊装状态吊臂下不准工作人员停留。

③ 立柱吊装完毕，操作员未完全紧闭地脚螺栓螺母时立柱不得于吊车脱离。

④ 应按照国家标准规定对吊装机具进行日检、月检、年检。对检查中发现问题的吊装机具，应进行检修处理，并保存检修档案。检查应符合 GB6067 的规定。

⑤ 吊装作业人员（指挥人员、起重工）应持有有效的《特种设备作业人员证》，方可从事吊装作业指挥和操作。

⑥ 吊装质量大于 10 t 的重物应编制吊装作业方案，随《吊装作业许可证》一同审批。

⑦ 吊装质量大于等于 40 t 的重物和土建工程主体结构，应同时编制施工安全措施和应急救援预案。吊装物体虽不足 40 t，但形状复杂、刚度小、长径比大、精密贵重，以及在作业条件特殊的情况下，也应编制施工安全措施和应急救援预案。

⑧ 利用两台或多台起重机械吊运同一重物时，升降、运行应保持同步；各台起重机械所

承受的载荷不得超过各自额定起重能力的 80%。

⑨ 工作人员在攀登高空，实施高空作业时必须配戴安全带同时使用安全绳，以防产生意外。

⑩ 构件安装安全措施：

A. 严格检查吊车吊装构件。

B. 严格检查立柱吊点构件。

C. 严格检查牌面钢结构吊点构件，对有问题的吊点构件进行加固确保吊点不留安全隐患。

⑪ 构件吊装工作人员安全措施：

牌面吊装、吊点定在大梁端及牌面夹角，使吊车在起吊时牌面尽可能处平衡状态，牌面吊离地面升高到立柱上端后旋转牌面使牌面支撑立柱与立柱上端垂直落吊对位，此时需操作员辅助执行操作，员工 1 至 3 人配戴保险带攀登至立柱对位连接点先扣紧固定保险带于牌面大梁，随后使用撬棍顺力对位，对位准确指挥及时落吊，平稳落吊到位，高空焊接人员开始焊接。高空焊接人员在作业时随身佩戴的保险绳、保险带必须与牌面钢结构构件连接牢固，置于身后防止电焊火花溅上保险绳、保险带。连接点焊接牢固允许吊车撤离。

A. 明确各级施工人员安全生产责任，各级施工管理人员要确定自己的安全责任目标，实行项目经理责任制。实行安全一票否决制。

B. 起吊工具应牢固可靠，做好选用质量合格的工具。做好试吊工作，经确认无问题后方准吊装。进入工地必须戴安全帽，高处作业必须系安全带。

C. 吊装散状物品，必须捆绑牢固，并保持平衡，方可起吊。

D. 非机电人员严禁动用机电设备。

E. 坚持安全消防检查制度，发现隐患，及时消除，防止工伤，火灾事故发生。

2.1.4 汽车吊吊装施工安全技术流程

（1）吊装作业前的注意事项

① 检查各安全保护装置和指示仪表应齐全。

② 燃油、润滑油、液压油及冷却水应添加充足。

③ 开动油泵前，先使发动机低速运转一段时间。

④ 检查钢丝绳及连接部位应符合规定。

⑤ 检查液压是否正常。

⑥ 检查轮胎气压及各连接件应无松动。

⑦ 调节支腿，务必按规定顺序打好伸出的支腿，使起重机呈水平状态，调整机体使回转支承面的倾斜度在无载荷时不大于 1/1000（水准泡居中）。

⑧ 充分检查工作地点的地面条件。工作地点地面必须具备能将吊车呈水平状态，并能充分承受作用于支腿的力矩条件。

⑨ 注意地基是否松软，如较松软，必须给支腿垫好能承载的木板或土块。

⑩ 支腿不应靠近地基按方地段。

⑪ 应预先进行地下埋设物调查，在埋设物附近放置安全标牌，以引起注意。

⑫ 确认所吊重物的重量和重心位置，以防超载。

⑬ 根据起重作业曲线，确定工作台半径和额定总起重量即调整臂杆长度和臂杆的角度，使之安全作业。

⑭ 应确认提升高度。根据吊车的机型，能把吊钩提升的高度都有具体规定。

应预先估计绑绳套用钢丝绳的高度和起吊货物的高度所需的余量，否则不能把货物提升到所需的高度。应留出臂杆底面与货物之间的空隙。

（2）汽车吊起吊作业注意事项

① 起升或下降

A. 严格按载荷表的规定，禁止超载，禁止超过额定力矩。在吊车作业中绝不能断开全自超重防止装置（acs 系统），禁止从臂杆前方或侧面拖曳载荷，禁止从驾驶室前方吊货。

B. 操纵中不准猛力推拉操纵杆，开始起升前，检查离合器杆必须处于断开位置上。

C. 自由降落作业只能在下降吊钩时或所吊载荷小于许用载荷的 30%时使用，禁止在自由下落中紧急制动。

D. 当起吊载荷要悬挂停留校长时间时，应该锁住卷筒鼓轮。但在下降货物时禁止锁住鼓轮。

E. 在起重作业时要注意鸣号警告。

F. 在起重作业范围内除信号员外其他人不得进入。

G. 在起重作业时，要避免触电事故，臂杆顶部与线路中心的安全距离为：6.6 kV 为 3 m；66 kV 为 5 m；275 kV 为 10 m。

H. 若两台吊车共同起吊一货物时，必须有专人统一指挥，两台吊车性能、速度应相同，各自分担的载荷值，应小于一台吊车的额定总起量的 80%；其重物的重量不得超过两机起重总和的 75%。

② 回转

A. 回转作业时，不要紧急停转，以防吊物剧烈摆动发生危险。

B. 回转中司机要注意机上是否有人或后边有无障碍危险。

C. 不回转时将回转制动锁住。

③ 起重臂伸缩臂杆。

A. 不得带载伸臂杆。

B. 伸缩臂杆时，应保持吊臂前滑轮组与吊钩之间有一定距离。起重外臂外伸时，吊钩应尽量低。

C. 主副臂杆全部伸出，臂角不得小于使用说明书规定的最小角度，否则整机将倾覆。

D. 轮胎式吊车需带载行走时，道路必须平坦坚实，载荷必须符合原厂规定。重物离地高度不得超过 50 cm，并拴好拉绳，缓慢行驶，严禁长距离带载行驶。

③ 起吊作业停止后注意事项

① 完全缩回起重臂，并放在支架上，将吊钩按规定固定好，制动回转台。

② 应按规定顺序收回支腿并固定好。

③ 将吊车开回停车场位置上。

2.1.5　吊装作业前的安全措施

① 吊装作业时应明确指挥人员，指挥人员应佩戴明显的标志；应佩戴安全帽，安全帽应符合 GB 2811 的规定。

② 应分工明确、坚守岗位，并按 GB 5082 规定的联络信号，统一指挥。指挥人员按信号进行指挥，其他人员应清楚吊装方案和指挥信号。

③ 正式起吊前应进行试吊，试吊中检查全部机具、地锚受力情况，发现问题应将工件放回地面，排除故障后重新试吊，确认一切正常，方可正式吊装。

④ 严禁利用管道、管架、电杆、机电设备等作吊装锚点。未经有关部门审查核算，不得将建筑物、构筑物作为锚点。

⑤ 吊装作业中，夜间应有足够的照明。室外作业遇到大雪、暴雨、大雾及 6 级以上大风时，应停止作业。

⑥ 吊装过程中，出现故障，应立即向指挥者报告，没有指挥令，任何人不得擅自离开岗位。

⑦ 起吊重物就位前，不许解开吊装索具。

⑧ 利用两台或多台起重机械吊运同一重物时，升降、运行应保持同步；各台起重机械所承受地载荷不得超过各自额定起重能力的 80%。

2.1.6　吊装作业前的安全检查

吊装作业前应进行以下项目的安全检查：

① 相关部门应对从事指挥和操作的人员进行资质确认。

② 相关部门进行有关安全事项的研究和讨论，对安全措施落实情况进行确认。

③ 实施吊装作业单位的有关人员应对起重吊装机械和吊具进行安全检查确认，确保处于完好状态。

④ 实施吊装作业单位使用汽车吊装机械，要确认安装有汽车防火罩。

⑤ 实施吊装作业单位的有关人员应对吊装区域内的安全状况进行检查(包括吊装区域的划定、标识、障碍)。警戒区域及吊装现场应设置安全警戒标志，并设专人监护，非作业人员禁止入内。安全警戒标志应符合 GB 16179 的规定。

⑥ 实施吊装作业单位的有关人员应在施工现场核实天气情况。室外作业遇到大雪、暴雨、大雾及 6 级以上大风时，不应安排吊装作业。

2.1.7　吊装操作人员应遵守的规定

① 按指挥人员所发出的指挥信号进行操作。对紧急停车信号，不论由何人发出，均应立即执行。

② 司索人员应听从指挥人员的指挥，并及时报告险情。

③ 当起重臂下钩或吊物下面有人，吊物上有人或浮置物时，不得进行起重操作。

④ 严禁起吊超负荷或质量不明重物和埋置物体；不得捆挂、起吊不明质量，与其他重物相连、埋在地下或与其他物体冻结在一起的重物。

⑤ 在制动器、安全装置失灵、吊钩防松装置损坏、钢丝绳损伤达到报废标准等情况下严禁起吊操作。

⑥ 应按规定负荷进行吊装，吊具、索具经计算选择使用，严禁超负荷运行；所吊重物接近或达到额定起重吊装能力时，应检查制动器，用低高度、短行程试吊后，再平稳吊起。

⑦ 重物捆绑、紧固、吊挂不牢，吊挂不平衡而可能滑动，或斜拉重物，棱角吊物与钢丝绳之间没有衬垫时不得进行起吊。

⑧ 不准用吊钩直接缠绕重物，不得将不同种类或不同规程的索具混在一起使用。

⑨ 吊物捆绑应牢靠，吊点和吊物的中心应在同一垂直线上。

⑩ 无法看清场地、无法看清吊物情况和指挥信号时，不得进行起吊。

⑪ 起重机械及其臂架、吊具、辅具、钢丝绳、缆风绳和吊物不得靠近高低压输电线路。在输电线路近旁作业时，应按规定保持足够的安全距离，不能满足时，应停电后再进行起重作业。

⑫ 停工和休息时，不得将吊物、吊笼、吊具和吊索吊在空中。

⑬ 在起重机械工作时，不得对起重机械进行检查和维修；在有载荷的情况下，不得调整起升变幅机构的制动器。

⑭ 下方吊物时严禁自由下落（溜）；不得利用极限位置限制器停车。

⑮ 遇大雪、暴雨、大雾及 6 级以上大风时，应停止露天作业。

⑯ 用定型起重吊装机械（例如履带吊车、轮胎吊车、桥式吊车等）进行装作业时，除遵守本标准外，还应遵守该定型起重机械的操作规范。

⑰ 将起重臂和吊钩收放到规定的位置，所有控制手柄均应放到零位，使用电气控制的超重机械，应断开电源开关。

⑱ 对在轨道上作业的起重机，应将起重机停放在指定位置有效锚定。

⑲ 吊索、吊具应收回放置到规定的地方，并对其进行检查、维护、保养。

⑳ 对接替工作人员，应告知设备存在的异常情况及尚未消除的故障。

2.1.8 吊装作业危险源辨识

表 2-2 对吊装作业可能接触到的危险源进行介绍并注明了产生的原因。

表 2-2 吊装危险源辨识

序号	作业内容	伤害类别	产生的原因
1	技术交底	触电	技术人员对施工现场，配电方式等未详细交底或操作人员失误
		物体打击	未按设计图纸、说明书施工
		起重伤害	未按施工程序和方法进行施工
		车辆伤害	设备存在不良状况，施工人员未检查、带"病"运行
		机械伤害	使用的角磨机、电焊机、空压机等机械设备，施工人员未按正确方法操作

序号	作业内容	伤害类别	产生的原因
2	施工准备	触电	未正确使用防护用品，现场积水、潮湿、接线方式或电器灯具使用不当
		高处坠落	高处作业部位未按规定搭设作业平台、操作人员未系安全带，通道损坏或通道不畅，照明不足等
		物体打击	工器具未按正确方法使用，构件放置不符合规范要求
		起重伤害	吊具、捆绑方式不符合要求，绳索、吊具缺陷或选择错误
		车辆伤害	设备状况不良，运输现场不畅及人员操作失误或违章
		机械伤害	使用的角磨机、电焊机、空压机等机械设备存在故障或操作方法不正确等。
3	设备安装	触电	使用的电焊机、电动工器具、照明灯具及线路漏电等产生的危害
		火灾	氧气、乙炔未按规定放置，采用火焰矫正未清理周边环境等
		灼烫	劳保着装不当而引起的电弧灼伤、气割烫伤或使用的切割设备工具的安全防护性能不良等
		起重伤害	构件转运过程中的操作、指挥人员失误，吊具、捆绑方式不符合要求，绳具存在缺陷或选择错误等
		物体打击	构件放置不符合规范要求，工具使用方法不正确等
		机械伤害	使用的矫正机等设备老化，操作人员失误及自身安全防护意识差等原因
4	验收	触电	照明灯具，线路漏电等产生的危害
		物体打击	杂物清理不彻底，构件放置不符合规范要求，工具使用方法不正确等
		高处坠落	通道损坏或通道不畅，照明不足，高处作业部位未按规范要求搭设作业平台，操作人员未系安全带等
5	吊装	起重伤害	吊具、捆绑方式不符合要求，绳索、吊具存在缺陷或选择错误，操作，指挥人员失误
		物体打击	吊装构件清理不仔细致使杂物高处坠落，附件绑扎不牢固，工具使用不正确等
		高空坠落	穿硬底鞋、照明不足、高空作业面未满铺竹跳板，操作人员未系安全带
		机械伤害	使用空压机、角磨机等机械设备存在缺陷，操作方式不正确等
		触电	电气设备及线路漏电保护失效，操作人员操作失误
		触电	使用的电焊机，电动工器具，照明灯具及线路漏电等产生的危害
		机械伤害	使用的机械设备老化，存在故障缺陷，操作方式不正确等
		火灾	焊接、切割时产生的火花引燃易燃物或氧气、乙炔摆放不当，漏气，回火等
		灼烫	劳保着装不当而引起的电弧灼伤，气割烫伤或使用的切割设备，工具的安全防护性能不良等
		车辆伤害	运输电气设备车辆状况不良，运输现场不畅及人员操作失误或违章等
		火灾	线路断路等引起的火花引燃易燃物等
		灼烫	电弧光灼伤等
		高处坠落	穿硬底鞋，施工人员自身防护意识不足等

序号	作业内容	伤害类别	产生的原因
6	试运行	高处坠落	穿硬底鞋，施工人员自身防护意识不足等
		物体打击	高空坠物，工具使用不当等
		触电	电气设备及线路漏电保护失效，操作人员操作失误
		机械伤害	使用的机械设备老化，存在故障缺陷，操作方式不正确等
7	清点入库	物体打击	构件放置不规范、工具使用不当、操作人员失误等
		高处坠落	穿硬底鞋，施工人员自身防护意识不足等
		机械伤害	使用的机械设备老化，存在故障缺陷，操作方式不正确等
		起重伤害	操作、指挥人员失误，吊具、捆绑方式不符合要求，绳索、吊具存在缺陷或选择错误等
		触电	照明灯具及线路漏电产生的危害
8	竣工验收	触电	电气设备，照明灯具及线路漏电产生的危害
		高处坠落	穿硬底鞋，高空作业面未满铺竹跳板，照明不足，操作人员未系安全带
		物体打击	高空坠物，工具使用不正确，操作人员失误等
		机械伤害	使用的机械设备老化，存在故障缺陷，操作方式不正确等
		火灾	施工过程中产生的火花引燃易燃物或氧气、乙炔摆放不当，漏气，回火等

2.2 吊装工艺

起重作业法，是指重物的吊装就位、装卸运输、起扳竖等方法。重物的捆绑方法，只是起重作业方法中的一个组成部分。

根据施工单位配备的吊装机具的不同，对同一设备的吊装方法也不一样。即使同样的设备、同样的施工条件、对不同的施工单位、不同的施工现场，也会有不同的吊装方法。这是起重作业创造性的特点所决定的。

2.2.1 重物的水平吊装

根据重物的特点采取正确的捆绑方法，并通过移绳调平法和倒链调平法将重物调平即可。

（1）移绳调平法

利用捆绑绳在捆绑点处或吊钩上的移动，改变捆绑点的位置或改变受力绳股的长度，使重物吊平的方法。

适用于细长类重物，两点捆绑的水平吊运工作。可用对绳和一根绳两种情况。

缺点：只能在绳不受力的情况下进行，有时需几次才能调平。

（2）倒链调平法

将倒链串接于捆绑绳中，调节捆绑绳的长度，使重物调平的方法。有一点，两点，多点调节。可以带负荷进行，而且调节准确。

当倒链的受力超载时，可用滑车，倒链作为跑绳来用，以达到调节捆绑绳的目的，在实际工作中，偏心设备的倒链调绳法很多。

注意事项：

① 绳长要适中，过长或过短，倒链都无法调节。

② 在捆绑绳已受力，但重物未离地时调节，应防止某根绳或倒链超载。

2.2.2　双机抬吊法

用两台起重机械起吊同一重物，进行装卸或吊装就位，称为双机抬吊法。

（1）适用双机抬吊法的施工情况

① 重物的重量超过一台起重机的额定起重能力。例如主变压器等设备吊装。

② 设备的外形尺寸很大，一台起重机械额定起重量虽能满足需要，但钩下高度、或起吊幅度有限而不宜用单机起吊。

③ 设备翻身，或设备竖立就位吊装时的双机抬吊（这部分后面给予介绍）。

双机抬吊重物的情况比较复杂，其表现形式也不一样。常见的形式，就是两台起重机直接起吊重物。也有用一台起重机的大、小钩进行抬吊重物的。

（2）参与双机抬吊作业机械的负荷分配

① 两台起重性能基本相同的起重机，抬吊外形规矩的重物时，其负荷应平均分配。

② 参与抬吊的两台起重机起重性能不同，或重物的外形比较复杂，或有特殊要求，需要根据实际情况，确定每台起重机的负荷，并依此来选择捆绑点的位置。

A. 确定重物重心确定在轴向中心点处。

B. 确定每台起重机抬吊时承担的负荷量。

C. 计算确定起重机捆绑点的位置。

（3）抬吊过程中的倾斜，对参与抬吊的起重机械负荷分配的影响

重物重心与捆绑点的相对位置不同，重物在抬吊过程中产生倾斜时，对参与抬吊作业的起重机械负荷分配的影响也不同。

① 重心低于捆绑点时。重心高于捆绑点的重物比较常见，例如，主变通过吊笼进行双机抬吊卸车或穿托板的工作、复水器的吊装，汽包的卸车等。其捆绑方法多见于兜绳（或空圈兜绳）捆绑法、套挂捆绑法。

② 重心低于捆绑点时。施工现场抬吊重心低于捆绑点的重物，如，缠绕法捆绑汽包的双机抬吊，卡绳法捆绑箱形行车大梁的双机抬吊，以卡环连接法捆绑大型油罐进行组合时的双机抬吊。

③ 重心与捆绑点在同一水平面上时。重物倾斜角度的大小，不影响两起重机负荷分配。

（4）双机抬吊施工中主要的注意事项

① 重视重心与捆绑点的相对位置，对参与抬吊作业的起重机械负荷分配的影响（增加、或减少）。

② 重物的高长比值越大，抬吊倾斜后，起重机械负荷的变化率也越高。应十分注意水平度。

③ 设备双机抬吊时的水平度是相对的。起重机的负荷量始终在一定幅度内变化。重物被首先吊离支承点一头的起重机的负荷最将增加很多。参与双机抬吊起重作业的起重机，其负荷量不得超过起重机额定负荷的百分之八十。

④ 一台起重机不得同时进行两个机构的操作，两台起重机同时动作时，要进行同样性质的动作，而且动作应平稳。

⑤ 双机抬吊的捆绑点，在设备轴向为三点以上时，起吊两个以上捆绑点的起重机，必须在其所吊的捆绑点间设平衡机构。

⑥ 双机抬吊作业中的指挥及信号

A. 双机抬吊作业的指挥信号，必须是色旗信号与口笛信号联用。

B. 双机抬吊作业前，指挥人员必须明确每种色旗所代表的起重机械。

C. 指挥人员必须站在两台机械司机都能看到的地方，而且应尽可能地靠近重物，以便予亲自掌握起吊情况，便于与监护人员及时联系，遇有问题及时处理。

D. 指挥人员必须熟悉参与抬吊作业的起重机械的起重性能。

E. 双机抬吊作业的起重指挥，是比较复杂的指挥工作。因此，必须由有一定经验的起重工担任双机抬吊作业的指挥工作。

2.2.3　设备的竖立和翻转

重物绕横轴旋转不大于 90°的起重作业，称为重物的竖立。

重物绕纵轴旋转，或绕任意轴旋转 180°的起重作业，称为重物的翻转。

（1）重物的单钩竖立和翻转

① 旋转起扳法；

② 滑行起扳法；

③ 滚动翻身法；

④ 旋转翻身法；

⑤ 倾倒翻身法；

⑥ 提升翻身法；

⑦ 支垫翻身法；

⑧ 斜拉翻身法。

（2）重物空中抬吊竖立和翻转

用两台机械或一台机械的大小钩进行重物竖立和翻转的方法，叫作重物空中抬吊竖立和翻转法。

① 需抬吊翻转的重物特点。

A. 设备翻身时不允许与地面接触。

B. 设备的柔度较大，不允许单钩起吊。

C. 重心高于捆绑点，不宜用单钩进行翻身作业的设备或现场配制件。

② 重物空中抬吊翻转基本步骤。

A. 双机抬吊的方法将重物水平吊起一定的高度。

B. 一个吊钩继续起升（主钩），另一个吊钩（副钩）进行落钩（有时是少许起升）调整。

C. 主钩承受重物的全部重量后，将副钩全部松掉。重物若为 90°翻身，抬吊翻身作业就此结束。

D. 当重物为 180°翻身时，将重物水平旋转 180°，副钩进行空间换点捆绑。

E. 两个吊钩将重物吊平后同时落钩。此时重物 180°翻身作业结束。

③ 重物抬吊翻身法的捆绑点的选择。

重物抬吊翻身时的副钩捆绑点，必须设在主钩捆绑点与重心连线延长线的上方，并且与主钩捆绑点分别在重心的两侧。副钩的负荷 P_2 是由 $G/2$ 减为零，主钩的负荷 P_1 则由 $G/2$ 增加到 G。

参与抬吊的两台起重机，主机的起重能力必须是单机能够承担重物全部重量。副机的起重能力则应根据具体的重物翻身全过程的需要来选择。

④ 重物抬吊翻身法安全注意事项。

A. 用兜绳捆绑重物进行翻身和竖立作业，捆绑点必须是圆滑的，且必须有阻止捆绑绳沿重物捆绑点纵向表面滑绳的措施。

B. 重物翻身和竖立作业使用的捆绑点，在重物旋转使捆绑绳受力不断变化方向时，不得对捆绑绳有切割和严重的磨损。

C. 重物的捆绑点必须满足重物翻转过程中，在各个方向上都有足够的强度。

D. 空中换点 180°翻身作业中，主钩必须具有在不超负荷的情况下单独起吊该重物的能力。

E. 空中一次 180°翻身法，只适用于外形较规则，每个吊钩上的两根捆绑绳，在重物翻转过程中，绕在重物上的绳长必须相等，且不会有滑绳危险。

F. 空中一次 180°翻身的重物，在重物不断翻转、副钩捆绑绳与重物接触受力点不断增加时，对捆绑绳有切割的受力点，必须及时垫以软物。同时防止主钩捆绑绳在各受力点上预先垫的软物掉下砸人。

G. 为使重物能在主钩捆绑绳间顺利旋转，若捆绑绳夹角较小，有阻碍重物旋转可能时应在捆绑绳上设支撑扁担。

2.2.4　捆绑绳受力平衡法

在吊装作业中，能够使重物的捆绑绳各股受力均匀而采取的方法，称捆绑绳受力平衡法。

（1）捆绑绳受力平衡的目的

① 保证捆绑绳的使用安全倍数，提高索具在吊装作业中的安全性。

② 保证设备各捆绑点上的受力相等，使吊装的设备变形控制在允许的范围之内。

（2）捆绑绳受力平衡法种类

① 自然平衡法；

② 平衡绳平衡法；

③ 平衡扁担平衡法；

④ 平衡滑车平衡法。

（3）捆绑绳受力平衡法使用注意事项

① 自然平衡法。

把捆绑绳的中间套挂于管式吊耳或吊钩上，捆绑绳受力时，能够自然地在吊钩或吊耳的表面串动，以达到捆绑绳股受力均匀的方法，叫自然平衡法。

自然平衡法的基本要求是：

吊钩或吊耳上的捆绑绳不能有重叠挤压，要使捆绑绳在逐渐受力的过程中，使串通的绳股串动而达到绳股的内力平衡。

自然平衡法、一般适用于重物上设四个以下吊点的捆绑绳间的平衡。

A. 一般的捆绑绳受力自然平衡法。

如："两单一双"卡绳或卡环连接捆绑法和"三绳捆绑法"

B. 三绳六股受力自然平衡法。

对六个吊点的重物，用三根等长的带子绳，把它们的中间都挂于吊钩上，每根带子绳的两个单头用卡环连接于相邻的两个吊环上。三根带子绳各自受力两股的合力作用线在平面上的投影，互成120°夹角。且三根带子绳的合力相等。

② 平衡绳平衡法。

设备周围有八个固定的捆绑点。把四根绳径较小的等长带子绳的八个绳头卡环连接在八个捆绑点上。用另外一对绳径较大的对子绳（这里称平衡绳）挂在吊钩上。并把对子绳（平衡绳）的四个绳头用四个卸扣与四根等长带子绳（捆绑绳）的双头连接起来。称平衡绳平衡法。

平衡绳的平衡原理：

每根带子绳受力的两股通过卡环得到了自然平衡。连接于相邻两根带子绳的平衡绳，又通过吊钩得到自然平衡。这就是平衡绳的平衡原理。

是有限平衡，只能使捆绑绳内力平衡和水平度要求不高的设备吊装。

③ 平衡扁担平衡法。

如图 2-1 所示，利用对索具的受力有平衡作用的扁担、进行吊装作业的方法，称为平衡扁担平衡法。平衡机构的作用，两捆绑点上的捆绑绳张力获得平衡。

图 2-1　平衡扁担平衡法

④ 平衡滑车平衡法。

利用滑轮来平衡索具受力的方法叫作平衡滑车平衡法。

⑤ 捆绑绳受力平衡法使用注意事项。

A. 严禁用自然平衡法参与重物抬吊翻身和竖立的起重作业。

B. 在抬吊翻身重物时，主钩捆绑绳的吊点，必须满足各个方向上受力时的强度要求。

2.2.5 倒钩吊装法

重物在吊装过程中需要由一个吊钩交给另一个吊钩，或者需要将重物临时搁置、吊挂一次，空钩越过障碍物再挂钩起吊，才能使重物就位的方法，叫作倒钩吊装法。

（1）倒钩吊装的施工特点

重物就位的顶上，或其吊装平移的途中有障碍物，使重物无法一次就位，所以必须倒钩。

（2）倒钩吊装法形式

① 平地支承倒钩；

② 平地滑移倒钩；

③ 空中吊挂倒钩；

④ 空中接力倒钩；

⑤ 混合式倒钩。

（3）倒钩作业注意事项

除在各种倒钩法中提及的以外，尚有如下几条：

① 倒钩绳挂好后，两台起重机械的起落钩操作应缓慢平稳。

② 倒钩作业多为高空作业，又往往是在重物晃动的情况下进行，因此，倒钩作业必须严格地按照高空作业的安全施工规程去做。

③ 倒钩机械若为起重臂头部带有鹰嘴的两台起重机时，必须事先考虑好两台起重机的站车位置，以避免吊车起重臂相碰。

④ 接钩的捆绑点应该在确认可靠的情况下，方可进行倒钩作业。

2.2.6 起重术语

（1）起重等级

起重施工可按工件重量划分为以下四个等级：

① 超大型：工件重量大于等于 300 t 或工件高度大于等于 100 m；

② 大型：工件重量为 80～300 t 或工件高度大于等于 60 m；

③ 中型：工件重量为 40～80 t 或工件高度大于等于 30 m；

④ 小型：工件重量小于 40 t 或工件高度小于 30 m；

（2）起重施工

指用机械或机具装卸、运输和吊装工作。

（3）工件

设备、构件、其他被起重的物体的统称。

（4）安全系数

在工程结构和吊装作业中，各种索具材料在使用时的极限强度与容许应力之比。

（5）滑车组

由定滑车和动滑车及绕过它的钢丝绳（跑绳）组成。它能省力也能改变力的方向。

（6）索具

在起重作业中，用于承受拉力的柔性件及其附件的统称。一般常用索具包括麻绳、尼龙绳、尼龙带、钢丝绳、滑车、卸扣、绳卡、螺旋扣等。

（7）专用吊具

为满足起重工艺的特殊要求而设置的设备吊耳、吊装梁或平衡梁等的统称。

（8）地锚

用于固定拖拉绳的埋地构件或建筑物，稳定抱杆、使其保持相对固定的空间位置，也可用于稳定卷扬机、钢结构、定滑车和起重机的平衡索。

（9）吊耳

设置在工件上，专供系挂吊装索具的部件。

（10）主吊车

抬吊被吊装工件顶（或上）部的吊车。

（11）铺助吊车

抬吊被吊工件底（或下）部的吊车。

（12）单吊车吊装

用一台主吊车和一台或两台铺助吊装进行的吊装。

（13）双吊车吊装

用两台主吊车和一台或两台铺助吊车进行的吊装。

（14）侧偏法吊装

是提升滑车组动滑车的水平投影偏离设备基础中心，设备吊点位于重心之上且偏于设备中心的一侧，在提升滑车组作用下，设备悬空呈倾斜状态，然后由调整索具校正其直立就位的吊装工艺。

（15）捆绑绳（吊索）

连接滑车吊钩与重物之间的绳索。

（16）临界角

当设备处于脱排瞬时位置，设备重力作用线与尾排支点共线时，设备的仰角（即设备吊装临界角）。

（17）计算载荷

将设备起重运输装卸和吊装时，以静力平衡原理算出的各起重吊索的受力，在乘以动系数和不平衡系数，作为该索具或设备所承受的计算载荷。

（18）起重机外形尺寸

起重机的外形尺寸通常是指整机的长度、宽度、高度的最大尺寸。支腿尺寸（履带尺寸）。

（19）额定起重量

额定起重量是指起重机在各种工作状况下安全作业时所允许的起吊重物的最大重量，常用 Q 表示，单位为吨（单位也有为千克的）。

通常起吊重物时，不但要计算重物的重量，还包含起重机吊钩的重量，吊装使用的起重工索具，例如吊索、卸扣，以及使用起重专用铁扁担—平衡梁等的重量，这些重量的总和不能大于或超过额定起重量。

（20）作业半径

作业半径是指起重机吊钩中心线（即被吊重物的中心垂线）到起重机回转中心线的距离，单位为米。

（21）起重机主吊臂下绞点

自行式起重机主吊臂下绞点分为两种：全液压汽车起重机主吊臂下绞点一般均在起重机回转中心的后上方。全液压汽车格构式起重机，履带式起重机的主吊臂下绞点均在起重机回转中心的前上方。

（22）自重

自重是指起重机工作状态时的机械总重，有的机型是指在行驶状态下的重量。掌握起重机自重对在作业前合理布置起重机作业面场地的地基，确保起重机在整个吊装作业过程中达到对地基有效的承压是非常必要的。

（23）起重机曲线

起重机曲线是指起重机吊臂曲线，是表示起重机吊臂在不同吊臂长度和不同作业半径时空间位置的曲线，规定直角坐标的横坐标为幅度（即作业半径），纵坐标为起升高度。起升高度是表示最大起升高度随幅度改变的曲线。不难看出，当幅度变小（作业半径变小）起重量增加，起升高度也随之增加，此时的起重机吊臂的仰角也同时增加。同样，同等的变幅，不同的臂长，起重量也有所不同。

（24）起重机性能表上75%、85%的含义

起重机性能表右上角一般都标明75%或85%是指性能表中的额定起重量与理论计算的整机倾覆载荷的百分比。实际操作作业过程中应严格参照标明的百分比以内进行作业。

（25）信号

在指挥起重机械操作时，常因工地噪声大不易听清，或口音不对容易误解，或距离操作台司机较远无法听见等，故常用信号来指挥，常用的信号有手示信号、旗示信号及口笛信号三种。

2.3 吊装力学问题简析

2.3.1 力的基本概念

① 力：力用一向量表示其大小、方向和作用。

② 力的可移性：力可沿其作用线作用前后移动而不改变其作用。

③ 力的合成：力的平行四边形法则或力的三角形法则。

④ 力的分解：一力可分解为数个力，各在任意选定的方向。（多为互相垂直）

⑤ 力矩：力矩的大小为力的大小与力的作用线至该点或该线间垂直距离（即力臂）的乘积。逆时针旋转为正，反之为负。

⑥ 力矩原理：诸分力，对任意一点的力矩之和，等于其合力对该点的力矩。

⑦ 力系的分类：一群的力称为力系，就其作用线的位置可分为共线力系；共面共点力系；共面非共点平行力系；共面非共点非平行力系；空间共点非平行力系；空间非共点平行力系；空间非共点非平行力系（空间任意力系）诸力不相交，不共面，不平行。

⑧ 力系的合力和平衡：

A. 共线力系　　　　其合力为 $R = \sum F$

其平衡条件为 $R = \sum F = 0$

B. 共面共点力系

作图法　　　　其合力为 R

平衡条件 $R = 0$

即在力多边形中，诸力首尾相接其力多边形封闭。

代数法　　　　其合力为 R

其平衡条件为 $R = 0$　　　即 $\sum F_x = 0$　　　$\sum F_y = 0$

C. 共面非共点平行力系

作图法　　　　其合力为 R

其平衡条件为 $R = 0$　　　$M = 0$

图 2-2 为受力分析图解（以平衡梁为例）。

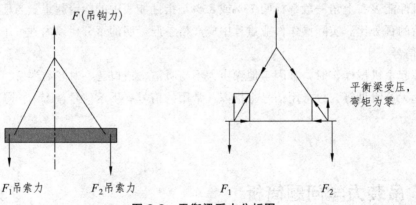

图 2-2　平衡梁受力分析图

2.3.2　吊装计算

① 单吊车吊装计算载荷应小于其额定起重能力。

② 双吊车吊装载荷不平衡系数应为 1 ~ 1.25。

③ 吊车扁角不应大于 3°。

④ 履带吊车带载荷移动时，载荷不得超过允许起重的 70%。

⑤ 双吊车吊装两主吊点与组合重心线间的夹角应大于 30°。

⑥ 钢丝绳的使用安全系数 K 应符合下列规定：

当拖拉绳时，$K \geqslant 3.5$

当作卷扬机时，$K \geqslant 5$

当作捆绑绳或吊索时，可根据荷重大小、受力根数、弯曲程度、有无护绳装置等情况来决定其安全系数，一般 K 为 6~10。

（7）钢丝绳的有效破断拉力为全部钢丝破断拉力的总和乘以换算系数 K。

当钢丝绳为 $6 \times 19 + 1$ 时，$K = 0.85$；

当钢丝绳为 $6 \times 37 + 1$ 时，$K = 0.82$；

当钢丝绳为 $6 \times 61 + 1$ 时，$K = 0.80$；

钢丝绳的规格型号可参看现行国家标准《钢丝绳》（GB/T 8918）。破断拉力应按产品出厂合格证选用，否则只能按最低强度级选用破断拉力。

（8）计算起重机回转半径与起升高度

① 全液压汽车起重机。

例 2-1 已知 TL-300E 全液压汽车起重机的主吊臂下绞点 A 距离地面高度为 2.23 m，A 点至起重机的回转中心 O 点的距离为 1.27 m，主吊臂长度为 17.3 m，主臂仰角为 55°时，求起重机的回转半径 R 和主吊臂杆顶至地面的距离 H。详见图 2-3。

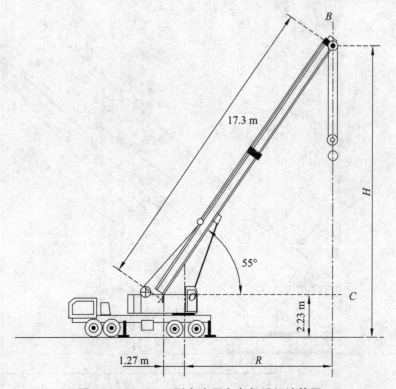

图 2-3　TL-300E 型全液压汽车起重机计算图

解：

根据三角函数：

$$\sin 55° = \frac{BC}{AB} = \frac{BC}{17.3}$$

$$BC = 17.3 \times \sin 55° = 17.3 \times 0.819\,2 = 14.17\ (m)$$

$$\tan 55° = \frac{BC}{AC} = \frac{14.17}{AC}$$

可得

$$AC = 9.92\ (m)$$

主吊臂杆顶至地面距离为

$$H = 14.17 + 2.23 = 16.4\ (m)$$

回转半径为

$$R = 9.92 - 1.27 = 8.65\ (m)$$

（注：实际的起升高度中应包括起重机滑车组的有效距离及起重机吊钩\吊索等）

② 履带式起重机

例 2-2 已知 W2002 型履带式起重机吊杆下绞点 A 距离地面高度为 2.2 m，A 点至起重机回转中心 O 点的距离为 1.5 m，吊杆的长度为 20 m。吊杆仰角为 45°时，求起重机的回转半径 R 和吊杆顶至地面的距离 H。详见图 2-4。

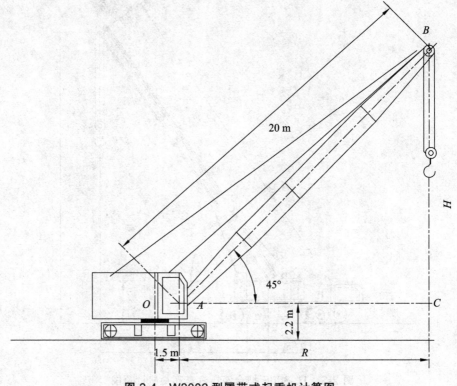

图 2-4 W2002 型履带式起重机计算图

解：

根据三角函数：

$$\sin 45° = \frac{BC}{AB} = \frac{BC}{20}$$

$$BC = 20 \times \sin 45° = 20 \times 0.707 = 14.14(\text{m})$$

$$AC = \frac{14.14}{\tan 45°} = 14.14(\text{m})$$

主吊杆顶至地面距离为

$$H = 14.14 + 2.2 = 16.34(\text{m})$$

回转半径为

$$R = 14.14 + 1.5 = 15.46(\text{m})$$

③ 设备找重心（合力矩定理）。

例 2-3 如图 2-5，设备下段重量 $G_1 = 40$ t、设备上段重量 $G_2 = 20$ t、设备上段下平台重量 $G_3 = 1.3$ t、设备上段上平台重量 $G_4 = 1.5$ t，设备下段长度 $L_1 = 20$ m，设备上段长度 $L_2 = 24$ m，设备上段下平台标高 $L_3 = 26$ m，设备上段上平台标高 $L_4 = 43$ m，设备总重量 $W = 62.8$ t。求设备重心 L_W。

解：

$$L_W = \frac{G_1 \times (L_1/2) + G_2 \times L_5 + G_3 \times L_3 + G_4 \times L_4}{(G_1 + G_2 + G_3 + G_4)}$$

$$= \frac{40 \times (20/2) + 20 \times 34 + 1.3 \times 26 + 1.5 \times 43}{(40 + 20 + 1.3 + 1.5)}$$

$$= 18.126(\text{m})$$

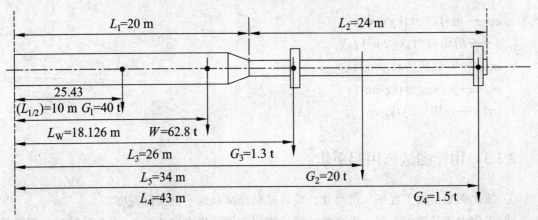

图 2-5　设备找中心示意图

④ 吊索受力分析。

例 2-4 如图 2-6，设备重量 $G = 5\,t$、P_1 受力侧夹角 $\alpha_1 = 30°$、P_2 受力侧夹角 $\alpha_2 = 45°$、求吊索 P_1、P_2 受力。

解：

$$P_1 = \frac{G\sin 45°}{\sin 105°} = \frac{5 \times 0.707}{0.9659} = 36\ 600(\text{N})$$

$$P_2 = \frac{G\sin 30°}{\sin 105°} = \frac{5 \times 0.5}{0.9659} = 25\ 900(\text{N})$$

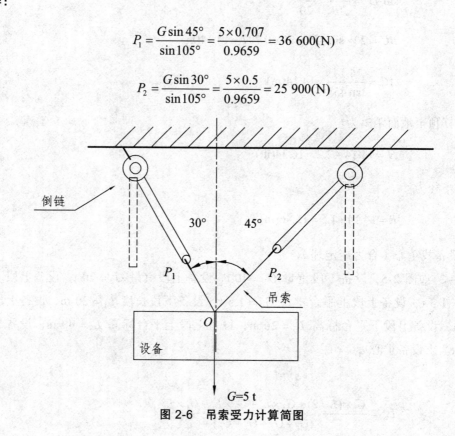

图 2-6　吊索受力计算简图

⑥ 管轴式吊耳的计算。

$$\sigma = \sqrt{x^2 + (\sigma_M + \sigma_N)^2} \leqslant [\sigma]$$

式中　σ——吊耳应力 (kg/cm^2)；

　　　τ——剪切应力 (kg/cm^2)；

　　　σ_M——弯曲应力 (kg/cm^2)；

　　　σ_N——轴向应力 (kg/cm^2)；

　　　$[\sigma]$——许用应力 (kg/cm^2)。

2.3.3　用作图法选用起重机

① 按比例绘出施工现场厂房尺寸、设备基础标高和地平的实际高度。

② 先由设备基础中心画一垂直线，然后按比例将厂房高度（H_4）、设备吊装到位后悬吊

时的工作间隙（H_3）、设备高度（H_1）、吊索垂直高度（H_2）、吊钩至吊臂顶轴心距离（d），确定起重机吊臂顶部 P_1 点画出，P_1 点到设备基础的距离即为设备吊装时的最小有效空间。

③ 根据设备的重量、外形尺寸、初步选定起重机型号，参照起重机额定吊装载荷参数，画出起重机工作半径（回转中心）垂直线，根据吊臂下交点轴心位置画出与地面的平行线，并与工作半径垂直线相交点 O，在下交点轴心平行线上找出吊臂的下交点 P_3 的位置。

④ 用比例尺测量出 P_1 至 P_3 点的距离，在暂定起重机参数表中选择略大于该长度的吊臂长度，以 P_3 点为圆心，所定吊臂长度为半径，画弧交设备中心延长线于 P_4 点，连接 P_3 和 P_4 点所得到的斜线长度即为起重机作业时吊臂中心线长度（L），此时吊钩至吊臂顶部轴心距离（d）随着吊臂的增长而变化。

⑤ 在 P_3 至 P_4 线段上找出厂房接触最近点 P_2，根据吊臂宽度的 1/2 画出与 P_3 至 P_4 的下平行线（也即是吊臂宽度的下沿长线，各类起重机吊臂的宽度均有所不同）。

⑥ 根据上述步骤要求画图，用比例尺即可复核出起重机作业时的工作半径（R）、吊臂长度（L）、吊钩至吊臂顶部轴心距离（d），并可复核出吊臂作业时 P_2 是否与厂房抗杆。

如果所作图超出起重机额定吊装能力，或吊臂抗杆，即另行调换起重机，直至满足吊装要求为止。

例 2-5 已知某单位需吊一台直径 2.4 m、长 18.5 m、重量 65.5 t 的塔类设备，安装标高在 15.1 m 的厂房楼面基础上（插入楼面 4.2 m），设备安装就位后顶部标高 29.4 m，设备中心距厂房边缘为 9 m。

求：选用何种类型起重机吊装作业？该起重机吊臂（L）、工作半径（R）各为多少米？

解：如图 2-7。

① 根据厂房尺寸，按 1:100 比例画出厂房图形；

② 在标高 15.1 m 设备基础中心处（厂房边沿离基础中心 9 m 画一垂直于地平面的中心垂线）；

③ 在标高 15.1 m（H_4）设备中心垂线上，按比例向上画出吊装到位后悬吊时工作间隙（H_3）为 0.2 m，塔设备（H_1）18.5 m，索具垂直高度（H_2）（包括吊索、铁扁担、卸扣等）为 6 m，吊钩至吊臂顶部轴心距离（d）最小有效距离 P1 点为 4.4 m。

④ 根据掌握的各类起重机吊装性能参数，初步选用曼尼斯曼德马克 CC-2000 型 300 t 履带式起重机。从该起重机额定载荷表中查出，选用吊臂（L）为 48 m，工作半径（R）为 18 m，额定载荷 76.2 t。

⑤ 按比例将该起重机工作半径 18 m 处画一垂线，根据吊臂下绞点轴心（离地面 2.85 m）画出于地面的平行线与工作半径垂线相交 O 点，在轴心平行线段上，找出吊臂下绞点位置 P_3 点（离工作半径垂线 2.2 m），以 48 m 为半径，画一圆弧，相交于设备中心延长线为 P_4 点，连接 P_3 和 P_4 点，画一斜线，此即为吊臂（L）中心长度，而此时用比例尺量出吊钩至吊臂顶部轴心距离（d）变长为 8.4 m。

⑥ 在 P_3 至 P_4 线段距厂房边沿最近处找出 P_2 点，并画出该起重机吊臂宽度的下沿平行线（该起重机吊臂截面为宽度为 1.8 m）。

⑦ 由于吊装时选用的吊索、铁扁担、卸扣以及吊钩等重量为 5.8 t。则：65.8 + 5.8 = 71.3 t。查表得出该履带式起重机主吊臂（L）长 48 m，工作半径（R）为 18 m 时，额定载荷为 76.2 t。即 76.2 t≥71.3 t，安全。

⑧ P_2 点用比例尺复核后，吊臂的下沿平行线距厂房边沿的间隙为 1.4 m，不抗杆。

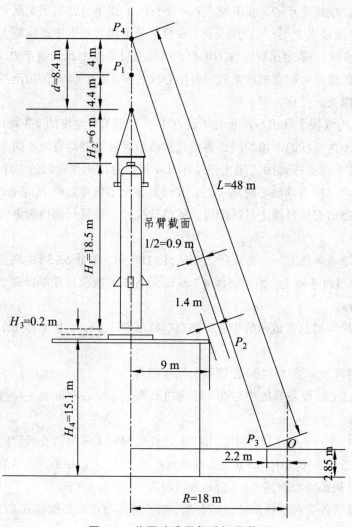

图 2-7　作图法选用起重机吊装

实训 2

1. 吊装作业安全规范有哪些？
2. 吊装作业注意事项有哪些？
3. 简述吊装中人员要求。
4. 简述汽车吊装施工吊装作业前的注意事项。

5. 简述吊装作业危险源及其产生原因。

6. 什么是双机抬吊法?

7. 双机抬吊施工中主要的注意事项有哪些?

8. 重物空中抬吊翻转基本步骤是什么?

9. 什么是额定起重量?

10. 起重机性能表上 75%、85%的含义是什么?

3 装配式建筑预制混凝土结构吊装施工技术

3.1 常用起重机械选择和使用

3.1.1 施工起重吊装机械选择的原则

① 适应性：拟建工程项目预制率高低是确定起重吊装机械规格型号的关键，施工机械还要适应建设项目的施工条件和作业内容。

② 高效性：通过对机械功率、技术参数的分析研究，在与项目条件相适应的前提下，尽量选用生产效率高、操作简单方便吊装机械设备。

③ 安全性：选用的施工机械的性能优越稳定，安全防护装置要齐全、灵敏可靠。

④ 经济性：在选择工程施工机械时，必须权衡工程量与机械费用的关系。尽可能选用低能耗、易保养维修的吊装机械设备。吊装机械的工作量、生产效率等要与工程进度及工程量相符合，尽量避免因施工吊装机械设备的作业能力不足而吊装机械设备的利用率降低，或因作业能力超过额定能力而延误工期给吊装机械安全使用带来隐患。

⑤ 综合性：有的工程情况复杂，仅仅选择一种起重机械工作有很大的局限性，可以根据具体工程实际选用多种起重吊装机械配合使用，充分发挥每种机械的优势，达到经济、适用、高效、综合的目的。

3.1.2 施工起重吊装机械选择的依据

① 工程特点：根据工程建筑物所处具体地点、平面形式、占地面积、结构形式、建筑物长度、建筑物宽度、建筑物高度等确定起重吊装机械选型。

② 施工项目的施工条件特点：主要是施工工期、现场的道路条件、周边环境条件、基坑开挖深度和范围、基坑支护状况、现场平面布置条件、施工工序等确定起重吊装机械位置的设置。

③ 预制构件特点：根据建筑物的预制装配率和构件数量、重量、长度、最终就位位置确定起重吊装机械选型。

④ 其他材料兼顾特点：现浇混凝土使用需要的钢架管、模板、钢筋、木材、砌体等也要兼顾考虑起重吊装机械。

⑤ 工程量：根据建设工程需要加工运输的工程量大小，决定选用的设备型号。

3.1.3 装配式建筑预制混凝土结构施工起重吊装机械的选型

① 装配式建筑混凝土结构，一般情况下采用的预制构件体型重大，人工很难对其加以吊运安装作业，通常情况下需要采用大型机械吊运设备完成构件的吊运安装工作。吊运设备分为汽车起重机、履带式起重机或塔式起重机，也可根据工程使用专用移动式机械，在实际施工过程中应合理地使用多种吊装设备，使其优势互补，以便于更好地完成各类构件的装卸运输吊运安装工作，取得最佳的经济、社会和环境效益。

② 对于单体工程建筑总高度不高且外形造型奇特的建筑物，可以优先选择汽车起重机、履带式起重机，优点是吊机位置可灵活移动，进场出场方便。

③ 对于单体工程建筑高度较高，且外形规整且上下基本无变化或变化有规律的建筑物可以优先选用附着塔式起重机。对于单体工程建筑高度较高，且外形不规整，上下基本变化大且有规律的建筑物可以选用内爬塔式起重机，其优点是起重量大位置固定，内爬塔式起重机一般安设在混凝土电梯井内，可随电梯井同步升高。

④ 若预制构件几何尺寸小，重量较轻，也可采用楼面移动式小吊机等自行研制的实用型吊装机械进行吊装或就位。

起重吊装机械如图 3-1 所示。

  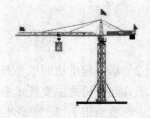

（a）汽车起重机　　　　（b）履带式起重机　　　　（c）塔式起重机

图 3-1　起重吊装机械

3.1.4 塔式起重机选择和使用

（1）塔式起重机的类型

塔式起重机是把吊臂、平衡臂等结构和起升、变幅等机构安装在金属塔身上的一种起重机，其特点是提升高度高、工作半径大、工作速度快、吊装效率高等。

① 塔式起重机基本分类。

按变幅方式可分为：俯仰变幅式、小车变幅式。

按操作方式可分为：可自升式、不可自升式。

按转体方式可分为：动臂式、下部旋转式。

按固定方式可分为：轨道式、水母架式。

按塔尖结构可分为：平头式、塔帽式。

按作业方式可分为：机械自动、人为控制。

② 平头式起重机是最近几年发展起来的一种新型塔式起重机，如图 3-2 所示。其特点是在原自升式塔式起重机的结构上取消了塔尖及其前后拉杆部分，增强了大臂和平衡臂的结构强度，大臂和平衡臂直接相连，其优点是：

A. 整机体积小，装拆方便、安装便捷安全，降低运输成本；

B. 起重臂耐受力简单，臂架杆件受力单一，在高频率工作下不易损坏；

C. 安装高度比一般有塔帽的塔式起重机能降低 10 m 左右，多台塔式起重机在同一工程应用时，相邻两台平头式起重机比有塔帽的塔式起重机间距大大缩小。

平头式起重机机体设计可标准化、模块化、互换性强，减少设备闲置，提高投资效益。其缺点是在同有塔帽的塔式起重机比较中，平头式起重机价格稍高。

图 3-2　平头塔式起重机

（2）塔式起重机的主要技术参数

塔式起重机的主要技术参数有结构形式、变幅方式、塔身截面尺寸、最大起重量、端部吊重（起重力矩）、最大/最小幅度、最大起升高度等。

（3）塔式起重机的起重量

塔式起重机按起重量大小分为轻型、中型和重型三种。起重量在 0.5 t 到 3 t 的为轻型塔式起重机；起重量在 3 t 到 15 t 的为中型塔式起重机；起重量在 20 t 及以上的为重型塔式起重机。

塔式起重机的选型中应结合塔式起重机的尺寸及起重量荷载特点，起重量应包括预制构件自重、挂钩、钢丝绳、钢工具梁或钢框架梁重量；一般情况下应满足起重力矩（起重量乘以工作幅度）在 75% 以内。

（4）塔式起重机的选择

塔式起重机是当前装配式结构现场使用的主要起重机械，塔式起重机选型首选取决于装配式混凝土结构的工程规模、建筑物高度、平面形状、预制构件最大重量和数量等。

塔式起重机从经济角度选择，应从机械单台价格、进出场安拆费、月租金、人工工资等考虑。

具体选择应考虑最大起重量和起重幅度，应根据其存放的位置、吊运的部位，距塔中心的距离，确定该塔式起重机是否具备相应起重能力，重点考虑工程施工过程中，最重的预制构件对塔式起重机吊运能力的要求，确定塔式起重机方案时应留有余地，塔式起重机吊点的最远距离处预制构件重量应小于塔式起重机的允许起重量，最重预制构件位置处应小于塔式起重机允许半径；若塔式起重机不满足吊重要求，必须调整塔式起重机型号或调整基座位置，使其满足使用要求。

塔式起重机选择主要根据工作幅度、最大起重量、起吊高度和每个工作台班起吊班次等因素综合考虑；目前工程中预制剪力墙重量最大达到 7 t 以上，预制叠合底板重量则在 1.5 ~ 2.5 t 左右，预制梁可达 5 t 左右，预制柱可达 15 t 左右，均远大于现浇施工方法的材料单次吊装重量。因此，住宅建筑保有量 80% 以上的端部起重量在 1 t 左右的 100 tm 及以下的塔式起重机不能满足预制装配式结构的吊装要求，需要更大吨位的起重设备。为满足 100 m 左右的高度、覆盖范围 50 m 左右的高层施工吊装要求，塔机端部起重量不应低于 2.5 t，并且应布置至少两台以完成较重构件的吊装；也可以选用端部起重量在 4 t 左右的一台塔式起重机完成吊装任务。而对于更大跨度的覆盖范围，则其端部起重量则应根据塔式起重机数量和工程进度安排等实际情况选择。

如装配式结构预制构件较小，最大构件重量在 6 t 内，最大幅度不小于 60 m，能满足装配式建筑的整个覆盖范围，同时根据建筑施工要求也可减小幅度使用。选用塔式起重机臂长在 56 m 市场上常用的塔式起重机 TC5610 比较经济适用。

如装配式结构预制构件为中等重量，最大预制构件重量在 3 t 到 15 t 之间，需塔式起重机臂长在 70 m 内时，可选用 TC7030 的塔式起重机，此类起重机足以能承担房屋建筑最大预制构件的垂直运输。

如装配式结构部分预制构件为重量较大，最大构件重量在 15 t 以上，需塔式起重机臂长在 60 m 内时，可选用国内更大型的塔式起重机。

（5）起升机构工作性能要求

一般情况下，总起重力矩不变，幅度与起重量成反比，即幅度越大则起重量越小，反之亦然。而在功率一定情况下，力与速度是反比关系。

① 塔式起重机设计时，为充分发挥起升机构使用性能，在电机总功率一定的情况下，速度与力（也就是载荷）按"重载低速、轻载高速"之原则匹配；因此塔式起重机通常设置了 2 倍率、4 倍率甚至更大倍率，以充分挖掘了电机的工作性能，提高设备工作效率。

② 在钢丝绳长度一定的情况下，对于同一起升机构，使用小倍率可以获得较大的起升高度和较低的起重量，而大倍率时其起升高度较小但起重量较大；即钢丝绳长度一定时，对于同一起升机构，起升高度与倍率是反比关系，起重量与倍率是正比关系。

③ 受制于塔式起重机功率的原因，塔式起重机为满足最大起重量要求使用了较大的倍率，但同时使塔式起重机的起升速度下降，如 TC5610-6 塔式起重机二倍率时最大起升速度为 40/80 m/min，相应的最大起重量为 3.0/1.5 t；其 4 倍率时最大起升速度下降一半为 20/40 m/min，但相应的最大起重量为 6.0/3.0 t。

④ 在传统施工中，因可自由组合重物重量，在起升高度较大时可使用二倍率以获得较快的起升速度，采用多次少量方式即可满足吊装要求。而对于吊装预制构件，如构件较重且有较大起升高度则必须使用较大倍率，显然以上低速不利于提高施工效率，解决方法是只能选择提高起升速度和增加设备其中之一，显然使用前一种方法增加的设备成本较少而成为较好的选择，即必须同步提高起升机构的功率，以满足高层施工中采用较大倍率时对起升速度的要求。

⑤ 在塔式起重机选型和定位设计时,应保证各幅度时的额度起重量大于该幅度下起吊的单个构件的重量。为充分发挥塔式起重机金属结构性能,塔式起重机最大起重量一般远大于最大幅度时的起重量;而使用中可能会出现起重量较大且超过该幅度较小倍率时额定起重量的情况。如在最大起重量和起重力矩范围内,使用 2 倍率不能满足起重量的要求,则必须使用 4 倍率甚至更大的钢丝绳倍率,这样就必然使塔式起重机在整个起升高度内都要使用较大的倍率以完成吊装任务,因此必须将起升钢丝绳长度增加一倍甚至更长以满足这个新的变化,也就是必须增加起升机构的容绳量。

（6）起升高度要求

塔式起重机最大独立起升高度不小于产品手册规定,附着一层到二层最大起升高度可达到 100 m,即塔式起重机独立高度可满足大多数装配式建筑的施工要求,国内一般规定装配式建筑高度由于超限的原因一般高度不超过 100 m,也就是附着一层就能满足所有住宅类装配式建筑的施工要求。具体工程应用中以建筑物最大点再往上增加 2 到 3 标准节(一般是 10 m 左右) 确定,如果是群塔作业,相邻塔式起垂机垂直距离应错开 2 个标准节高度。

（7）起重量要求

最大额定起重量不小于 24 t,能满足超高层装配式建筑的最大构件的要求。

（8）起升速度要求

针对建筑装配化施工速度快、作业频率高的特点,影响施工效率的主要速度参数——最大起升速度不小于 40 m/min。

（9）工作幅度要求

① 当地下室施工时,塔式起重机主要负责吊装模板、钢筋、混凝土、脚手架管等。

② 当装配式主体结构施工时,塔式起重机应从预制构件重量和所处安装位置考虑选择。

③ 塔式起重机型号决定了塔式起重机的臂长幅度,布置塔式起重机时,起重臂应覆盖堆场构件,避免出现覆盖盲区,减少预制构件的二次搬运。对含有主楼、裙房高层建筑,起重臂应全面覆盖主体结构部分和堆场构件存放位置,裙楼力求起重臂全部覆盖,当出现起重臂无法达到的楼边局部偏远部位时,可考虑采用汽车起重机解决裙房边角垂直运输问题,不宜盲目加大塔式起重机型号,应认真进行技术经济比较分析后确定方案。

（10）塔式起重机应满足吊次的需求

塔式起重机吊次计算:由于当前装配式构件吊装及就位要求精度高,操作人员熟练程度差,还需就位临时固定及钢筋连接处坐浆和孔道灌浆,一般塔式起重机的竖向构件吊次为每构件一个吊次按 30 min 考虑,水平构件就位时还需精细调整临时固定,吊次为每构件一个吊次按 15 min 考虑,每个综合台班约为 24 吊次。计算时可按所选塔式起重机所负责的区域,每月计划完成的楼层数,统计需要塔式起重机完成的垂直运输的实物量,合理计算出每月实际需用吊次,再计算每月塔式起重机的理论吊次（根据每天安排的台班数）,当理论吊次大于实际需用吊次即满足要求,当不满足时,应采取相应措施,如增加每日的施工班次,增加吊装配合人员,塔式起重机尽可能地均衡连续作业,提高塔式起重机利用率。

（11）塔式起重机位置选择

选择塔式起重机位置应满足工作幅度能覆盖所有预制构件和相应的模板、脚手架管、钢筋的要求。

如果是相邻群塔作业应满足以相邻塔式起重机水平距离和垂直高度要求。相邻群塔作业高、低塔式起重机应根据施工进度合理升节。

（12）塔式起重机附着要求

塔式起重机高度与底部支承尺寸比值较大，且塔身的重心高、扭矩大、启制动频繁、冲击力大，当塔式起重机超过它的独立高度时要架设附墙装置，以解决建筑物高度增加带来的吊装安全问题，增加塔式起重机的稳定性。

塔式起重机应从自身安全和建筑物结构两方面考虑，附墙装置要按照塔式起重机说明书并根据拟安装附墙装置所在楼层结构情况，确定使用定型产品或单独加工专用工具式附着钢梁。如所在楼层竖向结构为现浇混凝土，可在结构的梁、柱或剪力墙上需锚固位置预留钢预埋件，用来同附着装置固定连接；根据锚固位置的受力情况计算，局部增加配筋进行加强处理，埋设附着装置的预埋件处的混凝土强度适当增大。如所在楼层竖向结构为预制构件柱、梁或剪力墙，预制剪力墙体，外墙挂板、非承重内墙板、预制柱、预制梁均不能作为附着架固定点；应将附墙装置提前设计并应通过外窗洞口伸入建筑物，固定在现浇结构剪力墙或楼面现浇梁内，附着位置竖向距离一般在 15～20 m 一道,附着位置两根杆件之间水平距离为 3～4 m。附着受力要求要保持水平。附着后要求附着点以下塔身的垂直度不大于 2/1 000，附着点以上垂直度不大于 3/1 000。

（13）塔式起重机吊装可视化视频系统应用

① 预制构件安装精度问题。

装配式混凝土结构的施工方式与现有的施工方式存在本质区别，通过工厂生产柱、墙、梁、板等预制构件，现场通过塔式起重机吊装就位，塔式起重机作为预制构件吊装主要的起重设备，具有塔身高度高、自身重量大、工作环境恶劣、操作人员素质要求高、使用频繁、周边环境复杂等不利因素。

塔式起重机事故的发生有设备自身质量因素造成的，包括制造质量、安装质量等，也有使用过程中超载、歪拉斜拽、指挥有误等因素造成的。由于传统吊装靠司机和信号工配合而引发的指挥失误造成人员伤害事件等事故，司机从主观上不存在故意违章操作的意识，因为司机在塔式起重机上是事故伤害的最直接受害者和责任人，为了加强使用过程的安全应用，各地方、企业都要求塔式起重机吊装严禁违章操作，做到"十不吊"，保证塔式起重机安全运行。

② 塔式起重机吊装盲区。

如图 3-3 所示，塔式起重机一般都布置在建筑物一侧，由于建筑物的遮挡，相对于塔式起重机的建筑物的另一侧成为司机的视觉盲区。在视觉盲区，塔式起重机司机的吊装都是通过信号工的指挥操作，由于没有直观的视觉判断，对"十不吊"中的很多规定无法自己判断，预制构件就位处精度无法掌握，完全依赖于信号工指挥，存在一定安全隐患。而且对于目标点的把握通过语言描述和视觉判断进行吊装也存在很大差异，塔式起重机吊装同样的预制构件同样的工况，在盲区工作的时间大约是在可视区工作时间的 2 倍，盲区的存在大大影响了工作效率。

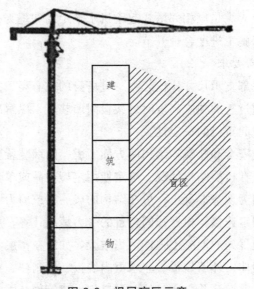

图 3-3　视屏盲区示意

③ 对可视性的要求。

工作时由于距离预制构件堆场和最终就位位置均较远，因塔式起重机司机与施工人员的分离且空间距离较大，常规做法是司机通过操作人员哨声指挥起升、行走、就位，吊运过程中始终存在视觉盲区或观察无法精准的状态，为保证构件就位准确、快速，两者之间的直接沟通必不可少。如能让司机直接观察到构件的就位情况，显然更有利于司机的就位操作和减少误操作，提高吊装效率，有效减少现场安全事故的发生。通过使用可视技术显然是满足这个要求的有效途径。

④ 摄像头设置。

具体做法是通过安装在塔式起重机起重臂小车上的摄像头，利用无线传输技术将视频传输到驾驶室，从而实现司机视觉无死角，有利于增加吊装过程安全性，提高工作效率。满足了预制构件吊装就位精度高、吊装效率高的要求。

⑤ 可视化塔式起重机视频吊装系统简介。

塔式起重机视频吊装问题在国家标准《起重机械安全监控管理系统》(GB 28264—2012) 有明确规定，塔式起重机主要监控内容应该包括视频系统，该视频系统至少需观察到吊点。但目前的塔式起重机安全监控系统主要是通过五限位管理、空间限制等功能，塔式起重机视频系统还没有形成标准产品。视频系统目前应用比较成熟广泛，但是吊钩运行有其自身的特点，吊钩位置随时变化，因此塔式起重机至少观测到吊钩的视频系统，存在以下三个问题需要解决：

A. 电源供电、数据传输布线不方便；

B. 起吊过程中吊钩位置处于移动状态，怎样能保证吊钩始终在摄像头监视范围内；

C. 预制构件就位处于不同的楼层，高差较大，吊装需要进行变倍。

⑥ 视频监控系统应用。

传统的预制构件就位常常是操作工人人工观察加哨子和报话机呼叫，塔式起重机司机根据信号工指令进行操作机械，吊装预制构件距离操作司机较远，配合协调难，工程本身又遮挡操作司机视线，往往多次反复调整方能就位。装配连接如钢套筒连接或金属波纹管连接均精度要求高，公差较小，司机看不清楚需装配的细节，影响吊装精确就位效率，成为制约装配式混凝土结构的一个瓶颈。

A. 针对塔机的应用问题及工作特点，可视化塔式起重机视频监控系统将会解决上述问题。该系统包括：摄像机、显示器、无线传输系统、电源系统、控制器、存储设备。

B. 塔机吊装视觉盲区消除办法：摄像机安装在塔式起重机变幅小车上，如图 3-4 所示，选择可变焦的摄像机。为了保证数据传输质量，采用网络数字摄像机、画质清晰、受干扰小，采用网络摄像机也为远程观看预留钢筋和钢套筒或金属波纹管是否顺利套入提供了方便。为了解决不好布线的问题，采用无线传输方式，无线传输系统包括图像传输和控制信号，通过可视化的视频吊装系统，在传统单一的信号指挥模式基础上，增加了视频辅助判断，可有效增加塔机吊装安全性，提高吊装效率三分之一以上，尤其塔式起重机在楼体背面（不可视作业面），塔式起重机司机在驾驶室内无法看见地面吊装作业情况。司机可以通过显示器观看所吊货物，通过变焦拉近监控视频镜头确认货物大小、估算货物重量、散物捆扎是否规范、吊索和附件捆绑是否牢靠或平衡，辨认完毕后起勾进行吊装。吊装行走过程中利用视频监控显示器观看周围环境，及时调整吊装行走路径，保障了吊装作业的安全完成，为项目安全管理提供了有力保障，进一步规范了塔式起重机操作。同时摄像机具有夜视功能，能够保证夜间及视线不太好的条件下正常工作。

（a）摄像头安装位置

（b）操作室内显示器

图 3-4 视频监控系统

C. 无线传输包括发射和接收两部分，发射部分安装在变幅小车内，驾驶室附近。

D. 电源系统采用蓄电池供电，蓄电池可以应用太阳能发电技术供电，并且留有备用电池，保证在天气异常情况下正常供电。

E. 控制器主要是对摄像机和电源系统进行控制。摄像机控制包括摄像机云台控制和变焦控制。

云台控制通过遥感控制方式操作，在摄像机安装完成后，调节摄像机镜头对准吊钩，正常工作时一般不需调整。

由于楼顶与楼底存在高度差，需要进行变焦，变焦控制是司机经常应用的功能，为此采用脚踏开关进行操作，在不影响司机正常操作的同时，通过脚踏实现变倍功能，即使在司机可视区也可通过变倍观测到捆绑是否牢固等。

大型预制件吊装与安装针对这一问题可以增加手持摄像机，将装配细节通过无线传输发送给司机，与上述的可视化吊装形成立体的视觉效果，特别是比较危险不适宜吊装过程有人的情况。司机根据局部多角度视频图像显示，精确操作塔式起重机吊装，大大提高吊装物的就位精度和工作效率。

存储器可以存储摄像机监控的视频录像，发生问题时起到"黑匣子"作用。结合手持摄像机可形成立体化的视频辅助系统，解决了装配式混凝土结构吊装要求就位精度高、效率高的难题，效果良好，可实现塔式起重机司机视线的无死角。

（14）塔式起重机的转移

塔式起重机转移前，要按照安装的相反顺序，采用相似的方法，将塔式起重机降下或解体，然后进行整体拖运或解体运输。在拖运途中，必须随时注意检查，发现异常现象应及时排除。

① 采用整机拖运塔式起重机，轻型的大多采用全挂式拖运方式，中型及重型的则多采用半挂式拖运方式。拖运的牵引车可利用载重汽车或平板拖车的牵引车。

② 中型或重型塔式起重机必须解体运输。为了便于装卸运输，缩短组装及安装时间，在拆卸塔式起重机时，不需全部解体，将其分解为若干组件，如将整个底架保留成一体。可根据结构部件尺寸的特点，把臂架节塞装到塔身标准节里，从而压缩运输空间和降低运输费用。由于塔式起重机高大，组件的重量和轮廓尺寸都比较大，必须用平板拖车运输，以汽车起重机配合装卸。由于整机拖运长度超限，在拖运中必须注意下列各点：

A. 拖运前，必须对拖运路线进行勘察，对路面宽度、弯道半径、架空电线、路面起伏等情况作充分了解，根据实际情况采取相应的安全措施。

B. 当路面宽度小于 7 m，弯道半径小于 10 m，架空电线低于 4.5 m，桥涵孔洞净空高度小于 4.5 m，桥梁承载力低于 5 t 时，均不能通行。

C. 拖运前，应为拖运列车配齐尾灯和制动器，并在牵引车上装适当配重。

D. 拖运速度不得超过 25 km/h，通过弯道时更应低速缓行，并有专人负责地面指挥使拖运列车顺利通过。

3.1.5　履带式起重机选择和使用

装配式混凝土结构施工中，对于履带式起重机的选择，通常会根据施工现场环境、合同周期、建筑高度、单件构件吊运最大重量和预制构件数量、设备造价或租赁费用等因素综合考虑确定。一般情况下，在低层、多层装配式结构施工中以及单层工业厂房结构吊运安装作业中，履带式起重机得到广泛的使用。

当现场构件需二次倒运时，也可采用履带式起重机。

其优点是移动操纵灵活，在平坦坚实的地面上能负荷行驶，对支撑面强度无特殊要求，起重机能回转 360°，适用于场地不平且承载力较差的场区。

其缺点是稳定性较差，不应超负荷吊装，行驶速度慢且履带易损坏路面，因而，进出场和转移时多用平板拖车装运。

履带式起重机选用时的主要技术参数主要取决于起重量、工作半径和起吊高度，常称"起重三要素"，起重三要素之间，存在着相互制约的关系。其技术性能的特点适用于吊装一般预制构件移动就位。如预制柱、梁、剪力墙板和外墙挂板等及跨度在 18～24 m 的单层厂房的相应构件。

履带式起重机是在行走的履带底盘上装有起重装置的起重机械，主要由动力装置、传动装置、行走机构、工作机械、起重滑车组、变幅滑车组及平衡重等组成。它具有起重能力较大、自行式、全回转、工作稳定性好、操作灵活、使用方便、在其工作范围内可载荷行驶作业、对施工场地要求较为宽松等特点。它是结构安装工程中常用的起重机械。

履带式起重机按传动方式不同可分为机械式、液压式和电动式三种，当前，液压式履带式起重机是最常用起重机械。

履带式起重机使用时应注意以下问题：

（1）驾驶员应熟悉履带式起重机技术性能，启动前应按规定进行各项检查和保养；启动后应检查各仪表指示值和视听发动机工作状况，确认正常后操作起重机试运转，检查各机构工作是否正常，特别是制动器是否可靠。

（2）履带式起重机启动前应将主离合分离，各操纵杆放在空挡位置，并应按照履带式起重机使用说明书的规定启动内燃机。内燃机启动后，应检查各仪表指示值，待运转正常再接合主离合器，进行空载运转，顺序检查各工作机构及其制动器，确认正常后，方可作业。

（3）起吊重物时应先稍离地面试吊，当确认重物已挂牢，履带式起重机的稳定性和制动器的可靠性均良好，再继续起吊。在重物升起过程中，操作人员应把脚放在制动踏板上，密切注意起升重物，防止吊钩冒顶。当履带式起重机停止运转而重物仍悬在空中时，即使制动踏板被固定，仍应脚踩在制动踏板上。履带式起重机变幅应缓慢平稳，严禁在起重臂未停稳前变换挡位；履带式起重机载荷达到额定起重量的 90% 及以上时，升降动作应慢速进行，严禁下降起重臂，严禁超载作业，如确需超载时应进行验算并采取可靠措施；并严禁同时进行两种及以上动作。作业时，起重臂仰角不得超过出厂规定，当无资料可查时，仰角控制在 45°～78°之间。

（4）当有些工程的预制构件较重需采用双机抬吊作业时，绑扎构件时注意分配两台起重机的负荷均匀受力，两台起重机的性能应相近；抬吊时统一指挥，动作协调，互相配合，起重机的吊钩滑轮组均应保持垂直。抬吊时单机的起重载荷不得超过允许载荷值的 80%。

（5）履带式起重机带载行走时，载荷不得超过允许起重量的 70%；带载行走时道路应坚实平整，起重臂与履带平行，重物离地不能大于 500 mm，并拴好控制摆动的拉绳，缓慢行驶，严禁长距离带载行驶，上下坡道时，应空载行驶。上坡时，应将起重臂扬角适当放小，下坡时应将起重臂的仰角适当放大，严禁下坡空挡滑行，拐弯不得过急。

（6）履带式起重机作业完成后，起重臂应转至顺风方向，并降至 40°～60°之间，吊钩应提升到接近顶端的位置，应关停内燃机，将各操纵杆放在空挡位置，各制动器加保险固定。

履带式起重机的转移有三种形式：自行转移、平板拖车运输和铁路运输。对于普通路面且运距较近时，可采用自行转移，在行驶前，应对行走机构进行检查，并做好润滑、紧固、调整和保养工作。每行驶 500～1 000 m 时，应对行走机构进行检查和润滑。对沿途空中架线情况进行察看，以保证符合安全距离要求；当采用平板拖车运输时，要了解所运输的履带式起重机的自重、外形尺寸、运输路线和桥梁的安全承载能力、桥洞高度等情况，选用相应载重量平板拖车。起重机在平板拖车上停放牢固，位置合理。应将起重臂和配重拆下，刹住回转制动器，插销插牢，为了降低高度，可将起重机上部人字架放下；当采用铁路运输时，应将支垫起重臂的高凳或道木垛搭在起重机停放的同一个平板上，固定起重臂的绳索也绑在该平板上，如起重臂长度超过该平板时，应另挂一个辅助平板，但可不设支垫也不用绳索固定，同时吊钩钢丝绳应抽掉。

3.1.6 汽车式起重机选择和使用

汽车式起重机是将起重机构安装在普通载重汽车或专用汽车底盘上的起重机。装配式混凝土结构施工中，对于汽车式起重机的选择，通常会根据合同周期、施工现场环境、建筑高度、单件构件吊运最大重量和构件数量、设备造价或租赁费等因素综合考虑确定。一般情况下，在低层、多层装配式混凝土结构施工中，预制构件的吊运安装作业通常采用重型汽车式起重机，当现场构件需二次倒运时，可采用轻型汽车起重机。

汽车式起重机优点是移动灵活、进出场方便、行驶通过性能和机动性能好，转移快捷、运行速度快，对路面破坏性小；缺点是不能带负荷行驶，吊重物时必须支腿，对工作场地的要求较高，对支撑面强度有一定要求，每次起重量有限制。

汽车式起重机按起重量大小分为轻型、中型和重型三种。起重量在 20 t 以内的为轻型，起重量在 20～50 t 的为中型汽车式起重机，起重量在 50 t 及以上的为重型汽车式起重机；按起重臂形式分为桁架臂和箱形臂两种；按传动装置形式分为机械传动、电力传动、液压传动三种。液压传动的汽车式起重机应用较广泛。预制构件一般为 7 t， QY25VF532 汽车式起重机一般能满足要求。

汽车式起重机使用时应注意以下问题：

① 汽车式起重机行驶前，应检查并确认各支腿的收存无松动，轮胎气压应符合规定。汽车式起重机行驶和工作的场地应保持平坦坚实，并应与沟渠、基坑保持安全距离。

② 起重机启动前重点检查项目是安全保护装置和指示仪表齐全完好，钢丝绳及连接部位是否符合规定，燃油、润滑油、液压油及冷却水是否添加充足，各连接件无松动，轮胎气压符合规定。

③ 启动前，应将各操纵杆放在空挡位置，手制动器应锁死，并应按规定启动内燃机。启动后，应怠速运转，检查各仪表指示针，运转正常后接合液压泵，待压力达到规定值，油温超过 30 ℃ 时，方可开始作业。

④ 应根据所吊重物的重量和提升高度，调整起重臂长度和仰角，并应估计吊索和重物自身的高度，留出适当空间。

⑤ 应全部伸出支腿，并在撑脚板下垫方木，调整机体使回转支撑面的倾斜角在无荷载时不大于 1/1 000。支腿有定位销的必须插上，底盘为弹性悬挂的汽车式起重机，放支腿前应先收紧稳定器。

⑥ 作业中严禁搬动支腿操纵阀。调整支腿必须在无荷载时进行，并将起重臂转至正前或正后方可再行调整。

⑦ 起吊重物达到额定起重量的 90% 以上时，严禁同时进行两种及以上的动作。

⑧ 起重臂伸缩时，应按规定程序进行，在伸臂的同时应相应下降吊钩，当限制器发出警报时，应停止伸臂，起重臂伸出后，当前节臂杆的长度大于后节伸出长度时，应调整正常后，方可作业，起重臂回缩时，角度不易太小。

⑨ 起重臂伸出后，或主副臂全部伸出后，变幅时不得小于各长度所规定的仰角。满负荷起重吊装时，应检查起重臂的挠度不超过规定，侧向起重吊装时应注意支腿状况。

⑩ 定期检查起重臂是否有裂缝变形，检查连接螺栓是否紧固。作业后，应将起重臂全部缩回放在支架上，再收回支腿。吊钩应用专用钢丝绳挂牢，应将阻止机身旋转的销式制动器插入销空，并将取力器操纵手柄放在托开位置，最后应锁住起重操纵室门。

3.1.7　移动式小吊机选择和使用

装配式混凝土结构施工中，部分工程预制构件往往位于建筑物四周，如预制外墙挂板、阳台板或空调板、女儿墙等，而且每块构件重量均不大，一般在 2 t 以内，由于汽车式起重机或履带式起重机吊臂高度限制，塔式起重机因其他工序占用，因此选择其他便捷的吊运机械就是工程需要考虑的问题，对于移动式小吊机（如图 3-5 所示）的选择，通常会根据施工现场环境、建筑高度、单件构件吊运重量和构件数量、构件部位、租赁费及灵活性等因素综合考虑确定。一般情况下，首先主体结构施工封顶，只是外墙周边为预制挂板等构件待安装，将移动式小吊机放置在建筑物楼顶进行吊装预制构件，如建筑物较高，也可按竖向分段安装使用移动式小吊机，如可将移动式小吊机放置在已施工完毕的部分楼层上，当待放置移动式小吊机的楼层混凝土强度等级达到 100%，可对建筑物较高的已施工完成的最下部分楼层外侧外墙预制挂板先进行预制安装就位。其优点是移动灵活、进出场方便，且不影响主体结构总体施工安排。通过一定固定装置将附近楼面框架柱或剪力墙作为移动式小吊机的固定平衡点。需注意的是，对支撑楼面强度有一定要求，每吊次预制构件的起重量有一定限制。

图 3-5　移动式小吊机

3.2 装配式建筑预制混凝土结构吊装准备

3.2.1 预制构件堆放布置

（1）生产企业车间场地布置规划

生产企业场地布置设计以及规划车间高度，是为达到预制构件使用要求、运输方便，统一归类以及不影响预制构件生产的连续性等要求，场区的平整及预制构件场地布置规划尤为重要；生产车间高度应充分考虑生产预制构件高度、模具高度及起吊设备升限、构件重量等因素，应避免预制构件生产过程中发生设备超载、构件超高不能正常吊运等问题。

预制构件临时堆放区如图 3-6 所示。

图 3-6　生产企业混凝土预制构件堆放

（2）预制构件施工现场堆放

如图 3-7 所示，装配式混凝土结构施工现场，由于使用大量预制钩件，预制构件型号繁多，构件堆场在施工现场占有较大的面积，往往预制构件堆放场地要比建筑物占地面积还要大些，因此，对预制构件进行合理有序的分类堆放，对于减少使用施工现场面积，减少水平和竖向运输及吊装机械的使用，加强预制构件成品保护，保证构件装配作业高效、提高工程作业进度，构建文明施工现场，具有重要的意义。

图 3-7　施工现场混凝土预制构件堆放

（3）构件堆场布置原则

① 标识清晰，分类合理。

预制构件应标识清晰明显，按出厂日期、规格型号、使用部位及楼层、吊装顺序分类存放，宜按使用楼层分层进场堆放。

② 场地平整及硬化防水。

预制构件堆放场平整坚实，采用不低于 C20 混凝土硬化，满足平整度和地基承载力的要求，场地排水措施完备。构件存放场地应设置隔离措施，本身预制构件应采取合理的防潮、防雨、防边角损伤措施，防止运输、装卸构件过程中意外碰撞，造成构件损坏。各种类型构件之间应留有不少于 0.7 m 的通道，方便操作人员作业及检查。构件堆放整齐后应用塑料薄膜包裹，防止降雨及尘土对构件造成污染。

③ 方便吊运，节省资金。

为便于起吊就位，预制构件应设置在起重机械的有效起重作业范围内，尽可能地靠近吊装机械和建筑物，减少甚至杜绝现场二次倒运的人力和机械费用。

④ 保护表面，支垫合理。

预制混凝土构件与刚性搁置点之间应设置柔性垫片，构件与构件之间应采用垫木支撑；预埋吊环宜向上，标识向外。预制外端板有花岗石或面砖等装饰面时，应对装饰面及边角用模塑聚苯板或其他轻质材料包覆保护，确保装饰表面完整美观。

（4）预制内外墙板、外墙挂板现场堆放

预制内外墙板根据其受力特点和构件特点，宜采用专用钢质靠放架对称插放或靠放，靠放架应有足够的刚度，并支垫稳固。预制外墙板宜对称靠放，外墙挂板往往外表面有饰面层，外饰面应朝外放置，用模塑聚苯板或其他轻质材料包覆，预制内外墙板与地面倾斜角度不宜小于 80°。

（5）预制楼板、预制梯、预制空调板、预制阳台等构件的现场堆放

可采用叠放方式存放，其叠放高度应根据地面承载力特征值、构件强度以及垛堆的稳定而确定，构件层与层之间应垫平、垫实，各层支垫应上下对齐，最下面一层支垫应通长设置。一般情况下，叠放层数不宜大于 5 层，上下层之间用毡布和橡胶垫隔开，吊环向上，标志向外，存放时应保证叠合楼板、叠合阳台板的桁架钢筋或混凝土肋朝向上方、预留线盒、周边的外露连接钢筋无损伤。

（6）预制梁、预制柱等细长异形构件现场堆放

此类构件宜水平堆放，预埋吊装孔的表面朝上，且采用不少于 2 条垫木支撑，当长度超过 6 m 时宜设置 3 条以上垫木，构件底层支垫高度不低于 100 mm，最好堆放 3 层以下，且应采取有效的防护措施。

（7）特殊预制构件现场堆放

特殊预制构件现场堆放应根据构件形状、重量，提前制作专用靠放架，科学合理的堆放，防止构件损坏。

3.2.2 施工现场其他材料、半成品堆放布置

根据具体工程结构形式、建筑物高度和预制装配率确定其他材料、半成品布置原则。

施工现场材料、半成品的堆放要结合各个不同的施工阶段，在同一地点要堆放不同阶段使用的材料，以充分利用施工场地。施工现场材料、半成品的堆放应根据施工现场与进度的变化及时进行调整，并且保持道路畅通，不能因材料的堆放而影响施工的通道。

一般建筑工程往往采用三阶段布置普通材料、半成品及加工场地。

① 基础结构施工阶段，当前住宅及公共建筑地下部分普遍设置一层到多层地下室，地下室通常是传统现浇混凝土结构，地下室面积往往比地上主楼四周大出许多，此时预制构件尚未进场，一般将钢筋、模板、脚手架布置在地下室基坑周边 2 m 外，但是注意不要将此类材料布置在紧邻基坑边，防止增加附加荷载使得基坑四周土体产生过大下沉或水平位移；在现场还要布置钢筋加工场地和模板加工场地，此类场地应布置在塔式起重机工作范围内。

② 主体结构施工阶段，预制构件开始陆续进物，应均匀布置在主体结构四周靠近最终安装就位的位置垂直下方附近，如地下室顶板准备放置预制构件，则应验算地下室顶板能否承担预制构件产生的附加荷载，如果不能承担预制构件堆放产生的附加荷载，则应对地下室顶板进行结构加固加强，如对地下室顶板采用架设满堂钢管脚手架或设置钢顶柱措施作为加固措施；主体结构施工中，其他材料如钢筋、模板、脚手架等材料也应均匀布置在主体结构四周靠近的位置，便于运输。

模板一般由施工现场加工车间根据支设面积状况加工制作并吊装到预定位置。

钢筋一般由施工现场加工车间根据设计施工图纸结合受力特点、钢筋长度、分布状况、加工制作并吊到预定位置，钢筋半成品加工在现场加工成型，钢筋配料、下料必须严格按照操作规程及质量标准执行，成型后的钢筋要挂好标签，分类堆放，存于钢筋棚内（离地300 mm 高），并做好防锈工作。箍筋等部分钢筋也可以购买定制的产品。钢筋也可委托场外的加工车间根据设计施工图纸结合钢筋长度、受力特点、分布状况、楼层进度加工制作并吊装到施工现场预定位置。

主体结构后期施工阶段，应尽量将砌体、砂浆、轻质墙板、水电暖通材料现场布置在塔式起重机工作范围内。

③ 装饰阶段，主要将地面装饰材料、墙面装饰材料、顶棚装饰材料、保温板材、门窗及水电暖通、弱电材料布置在距离施工电梯较近的工作范围内，便于竖向运输。

④ 其他材料布置，保温板材应布置在在建房屋的下风向远离火源，并且要保持一定的安全距离；怕日晒雨淋、怕潮湿的材料应放人库房；灌浆料、坐浆料及钢筋直螺纹套筒应放入库房。

3.2.3　周转工具堆放布置

（1）周转工具布置原则

独立钢支撑柱、钢斜支撑、钢管扣件脚手架系统、承插盘扣式脚手架系统、木竹胶合板系统、钢模板系统、塑料模板系统、铝模板系统布置，应根据每层实际用量分批进场，堆放在塔式起重机工作范围内。

（2）后浇混凝土时周转工具布置

装配式混凝土结构在预制剪力墙之间仍有部分后浇混凝土需要支设模板现浇混凝土，因此模板也应配置足够的数量；如竖向结构采用传统现浇剪力墙、矩形柱，则模板配置数量将会更多。模板多采用竹（木）胶合板或塑料模板；板材规格一般为 2 440 mm×1 220 mm，厚度有 12 mm、15 mm、18 mm 等多种。

当前，标准化的钢模板和铝模板也屡见不鲜，钢模板和铝模板是定型产品，但是要在施工现场通过专用连接件根据设计图纸拼装成型。

模板系统配置一般按三层配置，铝模板系统可以按二层配置周转使用。

（3）支撑系统布置

支撑用普通钢管脚手架或承插盘扣式脚手架，应根据每层实际用量分批进场，堆放在塔式起重机工作范围内；当采用独立钢支撑柱时，也应提前则应根据每层实际用量分批进场，堆放在塔式起重机工作范围内；支撑系统配置一般按三层配置，周转使用；钢斜支撑一般配置一层即可。

3.2.4　吊装机械现场布置

一般建筑工程往往采用三阶段布置吊装机械，即基础结构施工阶段、主体结构施工阶段和装饰阶段施工阶段，此三阶段吊装机械布置各有不同，下面分别叙述。

（1）基础结构施工阶段

当前住宅及公共建筑地下部分普遍设置一层到多层地下室，地下室必须是传统现浇结构，地下室面积往往比地上主楼四周大出许多，因此，吊装机械一般选用一台到多台塔式起重机，其中一台起吊重量较大，起重臂较长，主要用于预制构件吊装，在地下室施工中，塔式起重机还作为钢筋、模板、脚手架等材料水平及竖向运输使用，另一台汽车起重机；配合对部分距离塔式起重机作业范围外的部位进行水平和竖向运输，选用多台汽车式混凝土输送泵进行混凝土浇筑。

（2）主体结构施工阶段

当前住宅及公共建筑高度均较高，一般距离主楼较近选用放置 1 到多台塔式起重机，其中一台起吊重量较大，起重臂较长，主要用于预制构件吊装，主体结构施工中，其他塔式起重机作为钢筋、模板、脚手架等材料垂直和水平运输，另一台汽车起重机；配合对部分距离塔式起重机作业范围外的部位进行水平和竖向运输，选用多台拖式混凝土输送泵进行混凝土浇筑。

主体结构后期施工阶段，增设一台施工电梯用于砌体、砂浆、水电暖、通风、弱电材料垂直运输。

（3）装饰阶段

拆除塔式起重机，主要用施工电梯进行装饰材料及水电暖、通风、弱电材料运输及操作人员通行。

3.3　装配式建筑预制混凝土结构吊装施工技术

3.3.1　吊点选择的基本要求

装配式混凝土结构主要由预制构件加上后浇部分混凝土组成，大量的预制构件在吊装时如何确定每块构件重心位置是吊装顺利安全进行的要点。由于水平预制构件如钢筋桁架叠合板板中开洞或局部缺角，使得截面形心同重心无法重合；楼梯由于必须按照实际就位状况起吊就位安装，使得4根钢丝绳长度不同；外复合保温夹芯板由于板内填充轻质保温材料，而且外叶板和内叶板厚度也往往差异较大，外墙挂板由于立面存在各种实体混凝土凸凹起伏造型而且连接部位特殊性，重心均不易确定。因此应对预制构件吊装吊点提前确定。

吊点选择的基本要求如下：

① 吊点的多少应根据被吊构件的强度、刚度和稳定性确定。

② 吊点的选择应保证被吊构件不变形、不损坏。起吊后不转动、不倾斜、不翻倒。

③ 吊点的选择应根据被吊构件的结构、形状、体积、投影面积、重量、重心等，结合吊装要求、现场作业条件确定。

④ 吊点的选择应保证吊索受力均匀，合力的作用点应同被吊构件重心在同一铅垂线上。

⑤ 吊点一般由施工单位及监理单位提前进入预制构件厂家，同生产预制构件厂家协商确定提前设定好，必要时应选择一块构件进行试起吊。

3.3.2 吊装作业的基市操作

预制构件进入施工现场后，卸车装车，平移起吊、就位中，下磨、拔、顶和落的人工辅助操作也是必不可少的，应告知操作人员熟练掌握，注意要保证预制构件边角完整，撬、磨、拔、顶操作时应增加软质垫物。

（1）撬

在吊装作业中，为了把物体抬高或降低，常采用撬的方法。撬就是用杠杆把物体撬起。这种方法一般用于抬高或降低物体的操作中。如工地上堆放预制桁架板或钢筋混凝土墙板时，为了调整构件某一部分的高低，可用该方法。

撬属于杠杆的第一类型（支点在中间）。撬杠下边的垫点就是支点。在操作过程中，为了达到省力的目的，垫点应尽量靠近物体，以减少（短）重臂，增大（长）力臂。作支点用的垫物要坚硬，底面积宜大而宽，顶面要窄。

（2）磨

磨是用杠杆使物体转动的一种操作，也属于杠杆的第一类型。磨的时候，先要把物体撬起同时推动撬杠的尾部使物体转动（要想使重物向右转动，应向左推动撬杠的尾部）。当撬杠磨到一定角度不能再磨时，可将重物放下，再转回撬杠磨第二次、第三次……

在吊装工作中，对重量较轻、体积较小的构件，需要移位时，可一人一头地磨，如移动大型楼面板时也可以一个人磨，也可以几个人对称地站在构件的两端同时磨，完成构件微调。

（3）拔

拔是把物体向前移动的一种方法，它属于第二类杠杆，作用点在中间，支点在物体的底下。将撬杠斜插在物体底下，然后用力向上抬，物体就向前移动。

（4）顶和落

顶是指用千斤顶把重物顶起来的操作，落是指千斤顶把重物从较高的位置落到较低位置的操作。

第一步，将千斤顶安放在重物下边的适当位置；第二步，操作千斤顶，将重物顶起；第三步，在重物下垫进枕木并落下千斤顶；第四步，垫高千斤顶，准备再顶升。如此循环往复，即可将重物一步一步地升高至需要的位置。落的操作步骤与顶的操作步骤相反。在使用油压千斤顶落下重物时，为防止下落速度过快发生危险，要在拆去枕木后，及时放入不同厚度的木板，使重物离木板的距离保持在 50 mm 以内，一边落下重物，一边拆去和更换木板。木板拆完后，将重物放在枕木上，然后取出千斤顶，拆去千斤顶下的部分枕木，再把千斤顶放回。重复以上操作，一直到将重物落至要求的高度。

3.3.3　装配式建筑预制混凝土结构吊装工艺

（1）吊装作业的准备

① 装配式预制混凝土构件进场。

装配式预制混凝土构件进场存放前，施工单位组织质检员以及驻场监理对进场预制构件进行质量验收工作，重点检查预制构件外观质量、产品合格证和相关试验报告是否齐全，目的是要明确产品质量责任，避免预制构件二次运输，检查合格后的预制构件方可存入堆放场地或直接进行吊装。

② 装配式预制混凝土构件试安装。

装配式混凝土结构施工前，组织建设单位、施工单位、监理单位、构件生产单位应选择具有代表性的单元户型进行预制构件试安装，如图 3-8 所示，重点复核预制构件安装过程中的拼装位置、预制构件拼装节点结构构造形式、电气点位位置等重点施工质量控制要点。

图 3-8　深圳某装配式混凝土结构试安装及安装施工模型

③ 斜支撑预埋件预埋。

斜支撑预埋件主要用于预制外墙板、预制内墙板和预制女儿墙与楼板支撑用的内螺纹预埋件，在绑扎现浇楼板钢筋时，斜支撑预埋件与楼板钢筋进行固定，浇筑叠合楼板混凝土后用于支撑预制外墙板、预制内墙板和预制女儿墙。墙板支撑系统中楼板预留的内螺纹预埋件尺寸因楼板厚度不同进行具体设计。

④ 插筋预留。

如图 3-9 所示，装配式混凝土结构底部加强区楼层仍为全现浇混凝土施工形式，底部加强区的现浇部位施工时，外墙板、内墙板安装部位所在底部加强区的相应位置应预留钢筋套筒插筋，转换楼层插筋的安装定位是转换层施工的关键施工技术。一般做法是在现浇墙体插筋部位附加定位钢筋，以便在浇筑混凝土时保证定位钢筋与插筋绑扎牢固、定位精准。

图 3-9　预留插筋

⑤ 钢垫片预留。

预留钢垫片能保证预制外墙板、预制内墙板 20 mm 拼装缝的高度，钢垫片应在浇筑叠合楼板、叠合梁前安装到指定位置，一般设置在窗口两侧暗柱部位，窗下墙部位不应设置钢垫片，钢垫片应在叠合层部位附加定位钢筋进行固定，施工时要保证钢垫片的高度，以便预制外墙板、预制内墙板安装时定位精准。

⑥ 弹线。

如图 3-10 所示，根据图纸尺寸和控制线用经纬仪配合钢尺进行定位，然后用一条沾了墨的线，两个人每人拿一端然后弹在地上，其目的是为了构件在吊装时进行对位和校正。对于竖向构件，应在楼面板上弹出竖向构件的边线作为竖向构件安装控制线。

图 3-10　钢垫片与竖向构件安装控制线

（2）吊装就位

① 预制墙板吊装

预制外墙板、预制内墙板和预制女儿墙吊装一般工艺为：熟悉设计图纸核对编号→吊装前准备→弹线→吊装→就位前调整方向→安装就位→调节位置。

A. 预制外墙板、预制内墙板和预制女儿墙应采用专用吊运钢梁，用卸扣将钢丝绳与预制构件上端的预埋吊环相连接，并确认连接紧固后，在预制构件的下端放置两块 1 000 mm×1 000 mm×100 mm 的海绵胶垫，防止预制构件起吊离地时预制构件的边角被撞坏。

B. 预制外墙板、预制内墙板和预制女儿墙吊装前应在安装位置进行放线并标记。

C. 用塔吊缓缓将预制外墙板、预制内墙板和预制女儿墙吊起，当预制外墙板、预制内墙板和预制女儿墙底边升至距地面 50 cm 时略做停顿，再次检查吊挂是否牢固，板面有无污染破损，确认无误后，继续提升使之慢慢靠近安装作业面。

D. 在距作业层上方 60 cm 左右略做停顿，施工人员可以手扶墙板，控制墙板下落方向。

E. 预制外墙板、预制内墙板和预制女儿墙在此缓慢下降，当预制外墙板，预制内墙板和预制女儿墙下降到距预埋钢筋顶部 2 cm 处，墙两侧挂线坠对准地面上的控制线，预制墙板底部套筒位置与地面预埋钢筋位置对准后，将墙板缓缓下降，使之平稳就位。

预制混凝土墙板吊装如图 3-11、图 3-12 所示。

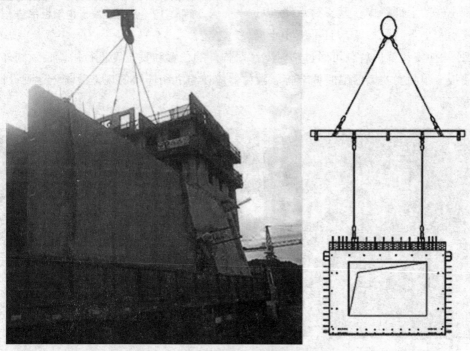

图 3-11　预制混凝土外墙板吊装示意

F. 斜支撑安装。

如图 3-13、图 3-14 所示，预制外墙板、预制内墙板和预制女儿墙应采用可调节斜支撑螺杆将预制构件进行固定。先将支撑托板安装在预制墙板上，吊装完成后将斜支撑螺杆拉接在墙板和楼面的预埋铁件上，长螺杆长 2 441 mm，可调节长度为 ± 300 mm。短螺杆长 936 mm，可调节长度为 ± 300 mm。同时，通过可调节螺杆调节预制构件的垂直方向、水平方向、标高均达到规范规定及设计要求。

预制混凝土墙、预制混凝土柱等竖向构件采用可调式钢斜撑固定，钢斜撑的一端与混凝土预制构件的预埋件相连，一端与楼面板的预埋件相连。

斜支撑的布置应符合：每个预制构件的临时支撑不宜少于 2 道；对预制混凝土墙、预制混凝土柱的上部斜撑，其支撑点距离底部的距离不宜小于高度的 2/3，且不应小于高

图 3-12　预制混凝土内墙板吊装

度的 1/2；构件安装就位后，可通过临时支撑对构件的位置和垂直度进行微调；预制外墙板、预制内墙板、预制女儿墙的临时调节杆、限位器应在与之相连接的现浇混凝土达到设计强度要求后方可拆除。

图 3-13　斜支撑安装

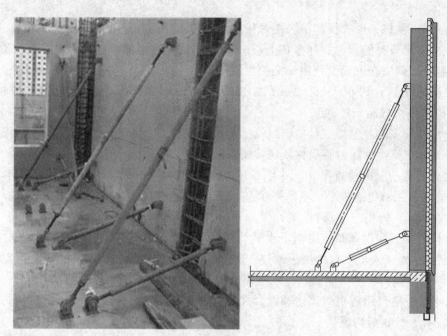

图 3-14　外墙板斜支撑安装

G. 调节就位。

如图 3-15 所示，安装时由专人负责预制构件下口定位、对线，并用 2 m 靠尺找直。安装第一层预制外墙板、预制内墙板时，应特别注意安装精度，使之成为以上各层的基准。

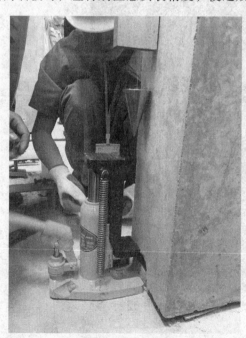

图 3-15　调节就位

② 预制楼梯吊装。

预制楼梯板吊装施工工艺为：熟悉设计图纸核对编号→楼梯上下口铺 20 mm 砂浆找平层

→划出控制线→复核→楼梯板起吊→楼梯板就位→校正→焊接→灌浆→隐检→验收。

A. 在楼梯洞口外的板面放样楼梯上、下梯段控制线，在楼梯平台上划出安装位置（左右、前后）控制线，同时在墙面上划出标高控制线。

B. 在楼梯段上、下梯梁处铺 2 cm 厚 M10 水泥砂浆找平层，找平层标高要控制准确。M10 水泥砂浆采用成品干拌砂浆。

C. 弹出楼梯安装控制线，对控制线及标高进行复核，控制安装标高。楼梯侧面距结构墙体预留 20 mm 空隙，为保温砂浆抹灰层预留空间。

D. 楼梯起吊前，应检查吊耳，并用卡环销紧。预制楼梯梯段应采用专用吊具水平吊装，吊装时通过调节倒链使踏步平面呈水平状态，便于楼梯安装就位。楼梯起吊前，应检查吊耳，并用卡环销紧。

E. 就位时楼梯应保证踏步平面呈水平状态从上面吊入安装部位，在作业层上空 30 cm 左右处略做停顿，施工人员手扶楼梯板调整方向，将楼梯板的边线与梯梁上的安放位置线对准，放下时要停稳慢放，严禁快速猛放，以避免冲击力过大造成板面震折裂缝。

F. 基本就位后再用撬棍微调楼梯板，直到位置正确，搁置平实。安装楼梯板时，应特别注意标高正确，校正后再脱钩。

G. 楼梯段校正完毕后，将梯段上口预埋件与平台预埋件用连接角钢进行焊接，焊接完毕后接缝部位采用 C35 灌浆料进行灌浆。

预制楼梯吊装如图 3-16 所示。

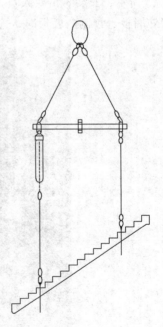

图 3-16　预制楼梯吊装

③ 预制叠合楼板吊装。

预制叠合楼板吊装的施工工艺为：熟悉设计图纸核对编号→弹放位置线→预制叠合楼板位置修整→吊装预制叠合楼板→设置预制叠合楼板支撑→调整预制叠合楼板位置。

A. 在剪力墙面上弹出 1 m 水平线、墙顶弹出预制叠合楼板和预制空调板安放位置线，并做出明显标志，以控制预制叠合楼板安装标高和平面位置。

B. 对支撑预制叠合楼板的剪力墙或梁顶面标高进行认真检查，必要时进行修整，剪力墙顶面超高部分必须凿去，过低的地方用砂浆填平，剪力墙上留出的搭接钢筋不正不直时，要进行修整，以免影响预制叠合楼板、预制空调板就位。

C. 预制叠合楼板起吊时要先试吊，先吊起距地 50 cm 停止，检查钢丝绳、吊钩的受力情况，预制叠合楼板起吊时，应采用钢扁担吊装架进行吊装，4 个吊点均匀受力，保证构件平稳吊装。就位时预制叠合楼板要从上垂直向下安装，在作业层上空 20 cm 处略做停顿，施工人员手扶楼板调整方向，将板的边线与墙上的安放位置线对准，注意避免叠合板上的预留钢筋与墙体钢筋打架，放下时要停稳慢放，严禁快速猛放，以避免冲击力过大造成板面震折裂缝。5 级风以上时应停止吊装。

预制叠合楼板吊装如图 3-17 所示。

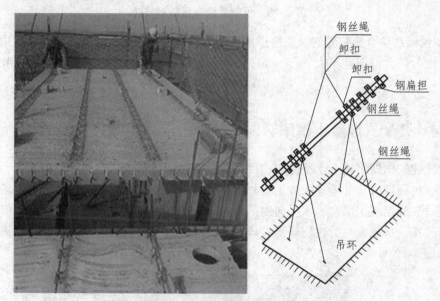

图 3-17　预制叠合楼板吊装

D. 预制叠合楼板安装时底部必须设置临时支撑，如图 3-18 所示。临时支撑采用可拆卸可重复使用的支撑架，表面保证平直，支架的布置要满足薄板承受施工荷载条件下不产生裂缝和超出允许的挠度。立柱间距以 1.2 ~ 1.5 m 为宜。立柱必须加水平拉杆，钢拉杆要用扣件卡紧。

支架应在跨中和距离支座 500 mm 处设置由柱和横撑等组成的梁式临时支撑，当轴跨 $L<4.8$ m 时跨中设置一道支撑；当轴跨 4.8 m$<L<6.0$ m 时跨中设置两道支撑，安装预制叠合楼板前调整支撑标高与两侧墙预留标高一致。

施工过程中，应连续两层设置支撑，待上一层叠合楼板结构施工完成后，上层现浇混凝土强度达到 100%设计强度时，才可以拆除下一层支撑。

上下层支撑时应在一条竖直线上，以免叠合楼板受到上层立柱冲切，临时支撑的悬挑部分不允许有集中堆载。

图 3-18　预制叠合楼板临时支撑

　　E. 调整预制叠合板位置时，要垫小木块，不要直接使用撬棍，以避免损坏板边角，要保证搁置长度，其允许偏差不大于 5 mm，预制叠合板安装完后进行标高校核，调节板下的可调支撑。

3.3.4　装配式混凝土框架结构吊装施工流程

　　装配式建筑框架结构由水平受力构件和竖向受力构件组成，预制柱、预制梁、预制板、预制楼梯、内隔墙板、外墙挂板为主要预制构件，采用工厂化生产，运至施工现场后，其连接节点通过后浇混凝土结合，水平向钢筋通过机械连接和其他方式连接，竖向钢筋通过钢筋灌浆套筒连接、金属波纹管内钢筋连接或其他方式连接，经过装配及后浇叠合形成整体框架结构，如图 3-19 所示。

图 3-19　装配式建筑框架结构示意

　　① 框架竖向及水平构件均为预制构件时，标准层吊装及安装组织流程如下：
　　预制构件弹线控制→作业层结构楼板弹线→支撑连接件设置→预制柱吊装就位→钢斜支

撑固定→预制梁吊装就位→钢斜支撑固定→预制板板下竖向支撑固定→吊装就位→预制梁板叠合层后浇混凝土→预制楼梯吊装就位→预制外墙挂板吊装就位→重复上循环内容，内隔墙板随内部装饰进行安装固定。

每层安装顺序又细分为以下三种：

A. 预制构件先外后内法。

当建筑物为中国传统矩形南北方向放置时，而且每楼层建筑面积较小的框架结构以作为一个施工单元，具体施工工序一般为：吊装前先将预制柱、梁板编号，第一步从建筑物西南角交点开始沿西向东方向起吊预制柱梁，逐根柱梁安装，直到建筑物南墙的最东端，第二步再回到建筑物西南角沿南向北方向逐根柱梁安装至建筑物西墙的最北端，第三步再从建筑物西北角开始自西向东逐根柱梁安装沿建筑物北墙到最东端，第四步从建筑物东南角柱开始沿建筑物东墙逐根柱梁安装自南向北到最北端。待建筑物四周外侧柱、梁吊装完毕，开始建筑物内部柱、梁吊装，按照沿西向东方向依次吊装内侧柱、梁，并随后按照沿西向东方向吊装预制楼板，穿插吊装预制楼梯，最后是外挂墙板也按照柱梁顺序逐块安装就位。内隔墙板随内部装饰进行安装固定。框架预制构件吊装流程如图3-20所示。

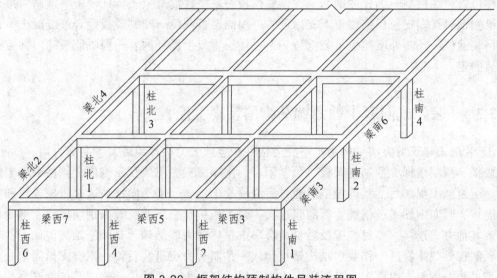

图 3-20 框架结构预制构件吊装流程图

举例示意：1. 建筑物西南端开始：柱南 1→柱南 2→梁南 3→柱南 4→梁南 5→到东南端；

2. 建筑物西南端开始：柱南 1→柱西 2→梁西 3→柱西 4→梁西 5→到西北端

3. 建筑物西北端开始：柱西 6→柱西 1→梁北 2→柱北 3→梁北 4→到东北端

B. 预制构件逐间就位法。

当建筑物为中国传统矩形南北方向放置时，而且每楼层建筑面积较小的框架结构，具体施工工序一般为：吊装前先将预制柱、梁板编号，第一从建筑物西南角交点开始，先吊南侧第一开间两根柱及梁，而后逐渐向北推进吊装就位柱及梁，直到建筑物北侧，并随后吊装预制楼板；而后进行第二开间的吊装柱及梁，并随后吊装第二开间预制楼板，以此类推；直到吊装柱、梁及预制楼板完成，期间穿插吊装预制楼梯，最后是外挂墙板逐块安装就位。内隔墙板随内部装饰进行安装固定。

C. 预制构件先内后外法。

此类施工工序优点是预制构件水平位置误差较小，可随时调整，先内后外法同先外后内法相反，每层先吊装内部柱梁，后吊装四周边柱梁，预制板也先吊装内部板，后吊装四周边板，穿插吊装预制楼梯，最后是外挂墙板逐块安装就位，内隔墙板随内部装饰进行安装固定。

如果建筑物比较狭长，可以分为2到多个施工单元，施工单元可采用先外后内法、逐间就位法、先内后外法。平行施工通常在拟建工程十分紧迫时采用，在工作面、资源供应允许的前提下，可布置多台吊装机械、组织2到多个相同的施工队，在同一时间、不同施工段上同时组织施工，此类施工方法为平行施工，而且吊装机械也不易碰头，即合理安排施工工序又能保证吊装机械安全使用。

② 当标准层竖向结构为现浇混凝土时施工流程：

当标准层竖向结构为现浇混凝土时，施工难度较低，该种做法在全国应用较为普遍，易于被市场接受。首先采用传统施工方法浇筑混凝土柱，而后安装预制梁、预制楼板及预制楼梯，随后浇筑预制梁及楼板上部的叠合层，最后是外挂墙板安装就位，内隔墙板随内部装饰进行安装固定。具体施工流程如下：

柱位置弹线控制→绑扎柱钢筋→支设柱模板→现浇柱混凝土→拆柱模板→预制梁吊装就位→梁侧钢斜撑固定→预制楼板下支撑设置→预制楼板就位→预制梁板叠合层混凝土→预制楼梯吊装就位→预制外墙挂板吊装就位→上一楼层重复上循环内容→内隔墙板随内部装饰进行安装固定。

3.3.5 装配式混凝土剪力墙结构吊装施工流程

① 装配式建筑剪力墙结构由水平受力构件和竖向受力构件组成，预制剪力墙、预制梁、预制楼板、预制楼梯、预制空调板、预制阳台、内隔墙板为主要预制构件，构件采用工厂化生产，运至施工现场后，其连接节点通过后浇混凝土结合，水平向钢筋通过机械连接和其他方式连接，竖向钢筋通过钢筋套筒灌浆连接、浆锚搭接、金属波纹管内钢筋搭接、钢筋挤压连接或其他方式连接，经过装配及后浇叠合形成整体剪力墙结构，具体施工流程如下：

预制构件弹线控制→作业层结构楼板弹线→预制剪力墙吊装就位→钢斜支撑固定→预制填充墙吊装→钢斜支撑固定→板下竖向支撑设置→预制板吊装就位→竖向节点钢筋绑扎→竖向节点模板支设→预制墙、梁板之间及叠合层后浇混凝土→预制楼梯吊装就位→上一楼层重复上循环内容，内隔墙板随内部装饰进行安装固定。

② 每层每个施工单元安装顺序又细分为以下三种：

A. 预制构件先外后内法。

当建筑物为中国传统矩形南北方向放置时，每楼层建筑面积较小的剪力墙结构可以作为一个施工单元，具体施工工序一般为：吊装前先将预制剪力墙板编号，第一步从建筑物西南角交点开始沿西向东方向起吊剪力墙，逐榀剪力墙安装，直到建筑物南墙的最东端；第二步再回到建筑物西南角沿南向北方向逐榀剪力墙安装至建筑物西墙的最北端；第三步再从建筑物西北角开始自西向东逐榀剪力墙安装，沿建筑物北墙到最东端；第四步从建筑物东南角开始沿建筑物东墙逐榀安装自南向北到最北端。待建筑物四周外侧剪力墙吊装完毕，开始建筑物内部剪力墙或填充墙吊装，按照沿西向东方向依次吊装内部剪力墙或填充墙，并随后吊装预制楼板，最后完成预制剪力墙、楼板之间及叠合层后浇混凝土，穿插吊装预制楼梯，内隔墙板随内部装饰进行安装固定。

B. 预制构件逐间就位法。

当建筑物为中国传统矩形南北方向放置时，而且每楼层建筑面积较小的剪力墙结构体施工工序一般为：吊装前先将预制剪力墙板编号，首先从建筑物西南角交点开始，先吊南侧第一开间剪力墙，而后逐渐向北推进吊装就位剪力墙或填充墙，直到建筑物北侧，并随后吊装预制楼板；而后进行第二开间的吊装剪力墙或填充墙工序，并随后吊装预制楼板，依次类推，最后预制剪力墙、楼板之间后浇混凝土及叠合层后浇混凝土，穿插吊装预制楼梯，内隔墙板随内部装饰进行安装固定。

C. 预制构件先内后外法。

先内后外法同先外后内法相反，每层先吊装内部预制剪力墙或填充墙，后吊装四周边预制剪力墙，预制板也先吊装内部板，后吊装四周边板，最后预制剪力墙、楼板之间后浇混凝土及叠合层后浇混凝土，穿插吊装预制楼梯，内隔墙板随内部装饰进行安装固定。

③ 如果建筑物狭长，可以分为 2 到多个施工单元，平行施工通常在拟建工程十分紧迫时采用，在工作面、资源供应允许的前提下，可布置多台吊装机械、组织多个相同的施工队，在同一时间、不同的施工段上同时于组织施工，此类施工方法为平行施工，而且吊装机械也不易碰头，既能合理安排施工工序又能保证吊装机械安全使用。

④ 如采用现浇剪力墙只是水平构件为预制构件时其施工流程如下：

剪力墙位置弹线控制→绑扎剪力墙钢筋→支设剪力墙模板→现浇剪力墙混凝土→剪力墙模板拆除→设置竖向支撑系统→吊装预制楼板→预制阳台或空调板吊装就位→现浇叠合层混凝土。

⑤ 当前部分工程外围护结构中剪力墙采用预制构件，而内部剪力墙及混凝土填充墙采用现浇结构体系，水平构件仍为预制构件时，其施工流程如下：

预制构件弹线控制→作业层结构楼板弹线→预制剪力墙吊装就位→钢斜支撑固定→内部剪力墙位置弹线控制→绑扎内部剪力墙钢筋→内部剪力墙模板支设→现浇内部剪力墙混凝土→剪力墙模板拆除→竖向支撑系统设置→预制楼板吊装→预制阳台或空调板吊装就位→现浇叠合层混凝土。

3.3.6 预制构件连接要点

（1）安装连接准备工作

安装连接施工前，应检查预制构件、安装用材料与配件及已施工完成部分结构质量，检查合格后方可进行构件吊装施工。核对已施工完成结构的混凝土强度、外观质量、尺寸偏差等符合设计要求和规范的有关规定；核对预制构件混凝土强度及预制构件和配件的型号、规格、数量等符合设计要求；在已施工完成结构及预制构件上进行测量放线，并应设置安装定位标志；确认吊装设备及吊具处于安全操作状态；核实现场环境、天气、道路状况满足吊装施工要求。

（2）支座条件

安放预制构件前，需要检查其搁置长度是否满足设计要求。考虑到预制构件与其支承构件不平整，如直接接触或出现集中受力的现象，设置坐浆或垫片调整可以在一定范围内调整构件的高程，有利于均匀受力。对叠合板、叠合梁等的支座，可不考虑搁置长度的问题，并不设置坐浆或垫片，其竖向位置可通过临时支撑加以调整。

（3）临时固定

临时固定措施的主要功能是装配式结构安装过程承受施工荷载，保证构件定位。预制构件安装就位后应及时采取临时固定措施，并可通过临时支撑对构件的水平位置和垂直度进行微调。预制构件与吊具的分离应在校准定位及临时固定措施安装完成后进行。临时固定措施的拆除应在装配式结构能达到后续施工要求的承载力、刚度及稳定性要求后进行，并应分阶段进行。对拆除方法、时间及顺序，可事先通过验算分析，制定针对性拆除措施。

（4）连接

连接是装配式结构施工的关键工序，其施工质量直接影响整个装配式结构能否按设计要求可靠受力。预制构件的连接方式可分为湿式连接和干式连接，其中湿式连接指连接节点或接缝需要支模及浇筑混凝土或灌（坐）浆料，而干式连接则指采用焊接、锚栓连接预制构件。

① 后浇混凝土连接。

施工规范规定对承受内力的连接处应采用混凝土浇筑，并依据受力原理和工程经验，提出混凝土强度等级值不低于连接处构件混凝土强度设计等级值的较大值即可。如梁柱节点中柱的强度较高，可按柱的强度确定浇筑用材料的强度。当设计通过设计计算提出专门要求时，浇筑用材料的强度也按设计要求可采用其他强度。结构材料的强度达到设计要求后，方可承受全部设计十荷载。除混凝土外，对非承受内力的连接外还可采用水泥基浆含有复合成分的灌浆料或坐浆料等浇筑，其强度等级值不应低于 C30，不同材料的强度等级值应按相关标准规定进行。

② 钢筋连接。

预制构件间的钢筋连接方式主要有焊接、机械连接、搭接及套筒灌浆连接等，其中，前三种为常用的连接方式。钢筋套筒灌浆是用高强、快硬的无收缩灌浆料填充在钢筋与专用套筒连接件之间，灌浆料凝固硬化后形成钢筋连接施工方式，主要用于框架柱和剪力墙的纵向钢筋连接，现行行业标准《钢筋套筒灌浆连接应用技术规程》JGJ 355 及《钢筋套筒连接应用灌浆料》JG/T 408、《钢筋连接用灌浆套筒》JG/T 398 可作为工程应用的依据。

③ 干式连接。

干式连接主要为焊接或螺栓的连接，其施工方式与钢结构相似，施工应符合设计要求或国家现行有关钢结构施工标准的规定，并应对外露铁件采取防腐和防火措施。采用焊接连接时，应采取避免已施工完成结构、预制构件开裂和橡胶支垫、镀锌铁件等配件的损坏。

3.3.7 预制柱吊装安装要点

预制柱吊装安装施工，涉及构件本身重量长度、就位的位置，确定组织操作人员进行准备，选用合适的起吊机械，如楼层较低可用汽车起重机进行吊装安装，方便灵活，工作效率高；如楼层较高或构件重量较大，可用履带式起重机或塔式起重机进行吊装安装，起重吨位大，安全可靠。

（1）预制柱吊装顺序

① 宜按照先角柱、边柱、中柱顺序进行安装，与现浇结构连接的柱先行吊装。

② 就位前应预先设置柱底抄平垫块，控制柱安装标高。

③ 预制柱的就位以轴线和外轮廓线为控制线，对于边柱和角柱，应以外轮廓线控制为准。

④ 采用灌浆套筒或金属波纹管连接的预制柱调整就位后，柱脚连接部位宜采用柔性材料和木方组合封堵，也可用专用高强水泥坐浆料封堵四周。

（2）预制框架柱吊装施工流程

楼层弹定位控制线→安装吊具索具→预制框架柱扶直→预制框架柱吊装就位→钢斜支撑固定→竖向钢筋连接及接头坐浆和灌浆。

（3）预制柱吊装前准备

① 操作人员准备。

项目部由技术员和施工员专人现场指挥组织和质量管理，具备操作证的塔式起重机司机及司索信号工指挥柱吊装就位，测量工在柱两个方向架设经纬仪观测，柱就位附近由操作班组若干工人具体操作，两人负责就位，一人负责放置垫板和铺设坐浆料，两人负责安装钢斜支撑、一人负责灌浆。

② 材料准备。

预制柱、钢斜支撑及连接螺栓、坐浆料、灌浆料。

③ 机械准备。

塔式起重机（或汽车式起重机、履带式起重机）、捯链、吊具索具、撬棍、灌浆机、电子秤、搅拌器、水桶等；并在塔式起重机（或汽车式起重机、履带式起重机）空载状态下试运转，检查吊具索具是否有严重损伤，检查钢丝绳角度、吊具、索具是否根据方案要求连接固定，并采取安全防护措施检查索具同预制柱内螺纹的预埋件是否拧牢固。

④ 放线准备。

在框架柱上弹出纵横两个方向定位轴线，同时在楼层拟就位柱附近上弹出定位轴线。

⑤ 校验检查预制柱中预埋钢套筒或金属波纹管位置的偏移情况，并做好记录。操作工检查预制柱套管内是否有杂物；同时做好记录，并与现场预留钢筋的检查记录进行核对，无问题方可进行吊装。

⑥ 预制柱应按照施工方案吊装顺序预先编号，吊装时严格按编号顺序起吊。

（4）预制柱就位

① 吊装前在柱四角放置金属垫块，以利于预制柱的垂直度校正，按照设计标高。有两台经纬仪在纵横两个方向控制预制柱垂直度。

② 预制柱吊点位置、吊具索具使用，预制柱单个吊点位于柱顶中央，由生产预制构件厂家预留，现场通过钢索具吊住预制柱吊点，逐步将其移向拟定位置。预制柱构件吊装应采用慢起、快升、缓放的操作方式；起吊应依次逐级增加速度，吊装机械不应越挡操作。

③ 预制柱吊装时，构件上应设置缆风绳控制构件转动，人工辅助柱移动调整保证构件就位平稳；预制柱在吊装过程中，应保持稳定，不得偏斜、摇摆和扭转，严禁吊装构件长时间悬停在空中。

④ 预制柱初步就位时,应将预制柱钢套筒或金属波纹管与下层预制柱的预留钢筋初步试对,当钢套筒或金属波纹管能顺利套上下层预制柱的预留钢筋后,及时在两个方向设置钢斜支撑进行固定。

（5）预制柱安装的临时支撑

预制柱安装采用临时支撑时,应符合下列规定:

① 预制柱的临时支撑应保证构件施工过程中的稳定性,且不应少于 2 道。

② 对预制柱上部斜支撑,其支撑点距离板底的距离不宜小于构件高度的 2/3,且不应小于构件高度的 1/2;斜支撑底部与地面或楼面用螺栓进行锚固;支撑于水平楼面的夹角在 40° ~ 50°之间。

③ 构件安装就位后,可通过临时支撑对构件的位置和垂直度进行微调。若预制柱有微小距离的偏移,需借助塔式起重机或汽车起重机及人工撬棍,使用临时支撑对构件的位置和垂直度进行细微调整。

（6）预制柱接头连接

① 预制柱接头连接优先选用钢套筒灌浆或金属波纹管连接技术,有经验时建筑物数不高时也可采用浆锚连接等其他连接技术,柱纵向钢筋均匀分布可能影响的水平预制梁就位时,应积极同设计单位沟通,在保证钢筋截面不减少的情况下,将钢筋集中到柱四角布设。

② 柱脚四周及底部采用铺底封边,形成密闭灌浆腔。操作人员持灌浆机从下孔进行灌浆,当上孔灌浆孔漏出浆液时,应立即用胶塞进行封堵牢固保证在最大灌浆压力（约 1 MPa）下密封有效。一个灌浆单元只能从一个灌浆口注入,直至所有灌浆孔都流出浆液并已封堵后,等待排浆孔出浆。

③ 如柱截面较大,可用坐浆材料进行适量分仓,即对于柱底部根据面积用分割材料分成多个区域,由操作人员按区域持灌浆机从下孔分别进行灌浆,当上孔灌浆孔漏出浆液时,应立即用胶塞进行封堵,保证在最大灌浆压力（约 1 MPa）下密封有效,直至所有灌浆孔都流出浆液并已封堵后,等待排浆孔出浆。

（7）预制构件与吊具的分离

应在校准定位及临时支撑安装完成后进行。结构单元未形成稳定体系前,不应拆除临时支撑系统。

3.3.8 预制梁吊装安装要点

（1）预制梁吊装施工流程

楼层弹定位控制线→安装吊具索具→梁底钢支撑设置→预制梁吊装就位→钢斜支撑固定。

（2）预制梁或叠合梁安装准备

① 与现浇结构连接的梁宜先行吊装,其他宜按照外侧梁先行吊装的原则进行安排。

② 安装顺序应遵循先主梁后次梁、先低标高梁后高标高梁的原则。

③ 安装前,应复核柱钢筋与梁钢筋位置、尺寸,对梁钢筋与柱钢筋位置有冲突的,应按经设计单位确认的技术方案调整。

④ 安装前，应测量并修正柱顶和临时支撑标高，确保与梁底标高一致，柱上弹出梁边控制线；根据控制线对梁端、梁轴线进行精密调整，使梁伸入支座的长度与搁置长度应符合设计要求；误差控制在 2 mm 以内；梁安装就位后应对水平度、安装位置、标高进行检查。

（3）预制梁吊点位置

预制梁一般用两点吊，当梁为多跨连续梁时吊点应采用四点、六点或八点吊，预制梁两个吊点分别位于梁顶两侧距离两端 0.2 倍梁长位置，多吊点时应按梁正截面正负弯矩相等或近似的原则设置吊点，最好由施工单位及监理单位提前进入生产预制构件厂家，同生产预制构件厂家协商确定预留吊点位置。

（4）预制梁就位

① 由操作工在梁底支撑支设钢独立支撑，其上放置可调顶托，如梁宽较大时，在可调顶托垂直梁长方向铺设方木或方钢，通过调整可调顶托的顶丝来调节预制梁的就位位置。

② 预制梁起吊时，吊装工具采用吊索和工具式工字梁吊住预制梁两个吊点，逐步移向拟定位置，操作工通过预制梁顶揽风绳辅助梁就位，吊索应有足够的长度以保证吊索和工具式工字梁之间的角度大于等于 60°，防止梁折断。当预制梁初步就位后，两侧借助柱头上的梁定位线将梁精确校正，在调整梁水平度的同时将下部可调钢支撑上紧，这时方可松去吊钩。

③ 预制主梁吊装结束后，根据柱上已放出的梁边和梁端控制线仔细检查，当有预制次梁时，应检查主梁上的次梁缺口位置是否正确，如不正确，需作相应处理后方可吊装次梁，梁在吊装过程中要按柱对称吊装。预制梁等水平构件安装后应对安装位置、安装标高进行校核与调整。

（5）预制梁接头连接

① 预制梁水平钢筋连接为机械连接、钢套筒灌浆连接、金属波纹管连接、冷挤压连接或焊接连接。机械连接注意保护好接头螺纹，通过钢套筒两端拧入钢筋形成连续贯通，焊接连接一般采用双面焊。

② 预制梁顶后浇部分钢筋宜采用开口形式，便于现场上部钢筋绑扎操作。

③ 混凝土浇筑前应检查预制梁两端键槽尺寸及粗糙面程度，并提前 24h 浇水湿润。

④ 当预制梁两端部分后浇混凝土强度达到设计要求后方可拆除临时支撑。

3.3.9 预制剪力墙板吊装安装要点

（1）预制剪力墙吊装流程

楼层弹定位控制线→安装吊具索具→预制剪力墙吊装就位→钢斜支撑固定→坐浆灌浆。

（2）预制剪力墙吊点位置

预制剪力墙应根据墙几何尺寸和重量确定吊点，一般用两点吊、四点吊，预制剪力墙吊点由施工单位及监理单位提前进入预制构件生产厂家，同预制构件生产厂家协商确定预留吊点位置。

（3）预制剪力墙就位

① 首先在吊装就位之前将预制剪力墙弹好定位轴线，地面也弹好定位轴线和墙外轮廓线；钢斜支撑应保证构件施工过程中的稳定性，且单侧不应少于 2 道；其上支撑点距离板底

的距离不宜小于构件高度的 2/3，且不应小于构件高度的 1/2；钢斜支撑底部与地面或楼面用螺栓进行错固；支撑于水平楼面的夹角在 40°～50°之间；保证剪力墙墙板的就位顺利准确。

② 如是由现浇混凝土楼层转换为预制装配式结构楼层，则应提前在现浇混凝土楼层顶部采用焊接或其他措施固定预埋竖向插筋。

吊装前，应预先在墙板底部设置抄平垫块，夹心保温外墙板应在外侧设置弹性密封封堵材料，墙底部连接部位宜采用柔性材料和方木组合封堵，也可用专用高强水泥砂浆封堵。

③ 预制剪力墙板吊装接近拟定位置时，由专人将预制剪力墙板两侧后浇混凝土预留的纵向钢筋调整侧弯后，缓缓下落预制剪力墙板，预制剪力墙板下落至钢套筒或金属波纹管内钢筋上部 20 mm 左右时停止下落，可以使用钢丝绳下端的捯链能够对预制剪力墙板适度微调，钢筋也可用专业长扳手调整，重新对孔，无问题后方可下落。预制剪力墙板下放好合适厚度的钢垫块，垫块保证墙板底标高的正确。

④ 构件安装就位后，应设置可调钢斜支撑作临时固定，测量预制墙板的水平位置、倾斜度、高度等，通过墙底垫片、钢斜支撑进行调整；若预制墙有微小距离的偏移，需借助塔式起重机或汽车起重机及人工撬棍细微调整。

⑤ 调节钢斜支撑完毕后，再次校核墙体的水平位置和标高，相邻墙体的平整度是否满足要求。

⑥ 专用外挂防护架通过预留孔穿入长螺栓安装在承重预制剪力墙板上，吊装时采用带捯链的工具式工字梁并加设缆风绳，按照吊装顺序进行起吊，起吊时应慢起，匀升，缓降。

3.3.10 预制楼板和楼梯吊装安装要点

（1）预制钢筋桁架板

预制钢筋桁架板是当前普遍使用的预制水平构件，根据跨度又可分为非预应力楼板和预应力楼板。当房间面积不大时，一间房可以按照安装一块预制楼板考虑，一块预制楼板双向受力合理，无连接缝隙，整洁平整；当房间较大，一间房可以放置若干块预制楼板，预制楼板板缝根据具体工程可以采用对缝，缝上后增设水平连接钢筋，形成整体，此类板属于单向板；也可以将预制楼板之间拉开 200 mm 以上距离，形成后浇带，并对板缝依据设计要求做法进行处理，通过浇筑后浇带内混凝土形成双向叠合楼板。

（2）预制钢筋桁架板吊装工艺流程

定位放线→搭设板底独立钢支撑或支撑脚手架系统→预制钢筋桁架板吊装就位→后浇带混凝土浇筑。

（3）预制钢筋桁架板吊点位置

预制钢筋桁架板的吊点位置应合理设置，宜采用钢框架式工具梁吊具，根据受力均衡的原则，吊点为四点吊或八点吊，起吊就位应垂直平稳，起吊时每根钢吊索与板水平面所成夹角不宜小于 60°，不应小于 45°。

（4）预制楼板安装采用钢独立支撑时，应符合下列规定

① 首层支撑架体的地基必须平整坚实，宜采取硬化措施。支撑应具有足够的承载能力、刚度和稳定性，应能可靠地承受混凝土构件的自重和施工过程中所产生的荷载及风荷载。

② 预制钢筋桁架板下部支架宜选用定型独立钢支撑系统。独立钢支撑系统的竖向间距及距离墙、柱、梁边的净距应根据设计及施工荷载确定，叠合板预制底板边缘应增设竖向支撑，板下支撑间距不大于 3.0 m，竖向连续支撑层数不应少于 2 层，且上下层支撑应在同一铅垂线上。

③ 在预制楼板两端部位设置可调节独立钢支撑，支撑顶部设置方木，控制板底设计标高，独立钢支撑为上插管下套管在一定范围内调整组成的钢支柱，插管规格宜为 $\phi 48.3 \times 3.6$ mm，套管规格宜为 $\phi 60 \times 2.4$ mm；插管与套管的重叠长度不小于 280 mm。钢支撑应具有足够的承载能力、刚度和稳定性，应能可靠地承受混凝土构件的自重和施工过程中所产生的荷载及风荷载，下方应铺 50 mm 厚木板。

④ 若使用普通钢管扣件式脚手架系统作为钢筋桁架板支撑系统，架管规格、扣件尺寸应选用 $\phi 48.3 \times 3.6$ mm 焊接钢管，用于立杆、横杆、剪刀撑和斜杆的长度为 4.0~6.0 m。脚手架系统搭设方法应符合《钢管扣件式脚手架安全技术规范》（JGJ 130—2011）要求。

⑤ 若使用承插型盘扣式钢管支架系统作为钢筋桁架板支撑，承插型盘扣式钢管支架的构配件，钢管支架系统搭设方法应符合《建筑施工承插型盘扣式钢管支架安全技术规程》（JGJ 231—2010）要求。立杆盘扣节点间距宜按 0.5 m 模数设置；横杆长度宜按 0.3 m 模数设置。

（5）钢筋桁架板安装过程

① 预制钢筋桁架板安装前应在待就位的梁或剪力墙上测量并弹出相应预制板四周控制线，检查支座顶面标高及支撑面的平整度，并检查结合面粗糙度是否符合设计要求。

② 钢筋桁架板之间的缝隙应满足设计要求；钢筋桁架板吊装完后应有专人对板底接缝高差进行校核；当叠合板板底接缝高差不满足设计要求时，应将构件重新起吊，通过可调托座进行调节；相邻预制板类构件，应对相邻预制构件平整度、高低差、拼缝尺寸进行校核与调整。

③ 吊装应顺序连续进行，钢筋桁架板吊至拟就位上方 30~60 mm 后，调整钢筋桁架板端位置使锚固筋与梁或剪力墙箍筋错开便于就位，板边线基本与控制线吻合。将预制钢筋桁架楼板坐落在方木顶面，及时检查板底与预制叠合梁或剪力墙的接缝是否到位，预制楼板钢筋伸入墙长度是否符合要求。

④ 安装钢筋桁架板时，其搁置长度应满足设计要求。钢筋桁架板与梁或剪力墙间宜设置不大于 20 mm 坐浆或垫片。实心平板侧边的拼缝构造形式可采用直平边、双齿边、斜平边、部分斜平边等。实心平板端部伸出的纵向受力钢筋，当伸出的纵向受力钢筋影响钢筋桁架板铺板施工时，一端的纵向受力钢筋不伸出，并在此端的实心平板上方设置端部连接附加钢筋，端部连接钢筋应沿板端交错布置，端部连接钢筋支座锚固长度不应小于 10d、深入板内长度不应小于 150 mm。

⑤ 当一跨板吊装结束后，要根据板四周边线弹出的标高控制线对板标高及位置进行精确调整，误差控制在 2 mm。

⑥ 最后在钢筋桁架板上敷设线管及固定线盒，浇筑后浇叠合层混凝土，形成整体楼板。

⑦ 支撑系统应在后浇混凝土强度达到设计要求后方可拆除。

（6）预制楼梯吊装施工要点

① 预制楼梯吊装安装工艺流程。

制楼梯及休息平台弹线→预制楼梯吊装→预制楼梯安装就位→预制楼梯表面保护。

② 吊点位置。

预制楼梯一般采用四点吊；由于吊装预制楼梯过程中，楼梯在空中运行位置同最终就位一致，因此必须提前调整索具长度，一般使两根钢索具长些，两根钢索具短些，使预制楼梯段在空中上升或下降时同就位后保持一致位置，预制楼梯下落接近最终位置时，使用钢索具下端的挂链配合精确就位。

③ 预制楼梯由于也会作为施工时操作人员上下通道，故安装好的楼梯应采用胶合板等材料对楼梯面进行成品保护。

3.3.11 预制外墙板吊装安装要点

（1）预制外墙挂板吊装安装特点

预制外墙挂板同其他墙板连接构造不同，它是通过挂板顶部连接螺栓和挂板下部连接螺栓同主体结构边梁连接，预制外墙挂板和结构是铰接方式；也有部分地区挂板上部预留水平钢筋弯入叠合楼板上部，通过后浇叠合层混凝土形成预制外墙挂板同结构楼板刚性连接，本节介绍的是第一种连接方式。

（2）预制外墙挂板吊装安装施工工艺流程

预制外墙挂板弹线→结构楼板弹线→结构楼板安装固定件→预制挂板吊装就位→螺栓初步固定→预制外墙挂板微调→螺栓最终固定焊接→预制外墙挂板缝隙处理。

（3）预制外墙挂板吊点位置

预制外墙挂板吊点位置同预制剪力墙一样。

（4）材料准备

包括预制挂板及连接螺栓、焊剂。

（5）机具准备

包括塔式起重机、（或汽车式起重机、履带式起重机、移动式小吊机）、捎链、吊索具、撬棍、电焊机等。

（6）预制外墙挂板施工安装

① 预制外墙挂板的定位线和预埋件的定位线根据工程楼层的施工方格控制网进行引测。

② 在楼面上每块板的四个预埋件处，均弹出纵横两个方向的控制线，并校核埋件偏移量，判定是否超出允许误差范围。

（7）外墙挂板起吊、就位

① 连接件焊接就位。

为了能够调节外墙挂板的高低，连接件上的孔竖向为长圆孔。挂板预埋件连接细部效果图如图 3-21 所示。

② 起吊前，仔细核对外墙挂板型号是否正确，预埋件连接细部是否正确，外墙挂板根部应放置厚橡胶垫或硬泡沫材料保护外墙挂板，起吊后慢慢提升至距地面 500 mm 处，略做停顿。

③ 起吊时速度应保持均匀，靠近就位高度时放慢提升速度，然后慢慢往回收起重机械（如汽车起币机、履带式起重机或塔式起重机，也可以是移动式小吊机），使外墙挂板慢慢靠近作

业面，安装工人采用两根溜绳与板背吊环绑牢，然后拉住溜绳使之慢慢就位。就位时，慢慢调整外墙挂板的位置，让外墙挂板上的连接螺栓穿入连接件的孔内，用螺母固定，暂时不拧紧。

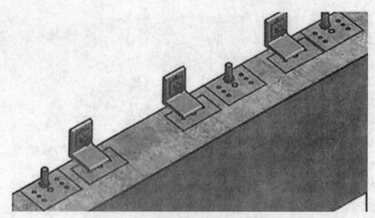

图 3-21　挂板预埋件连接细部效果图

④ 在安装层的上面一层，设置 2 个链，待吊装就位后，用捯链与吊机换钩，然后通过捯链调节外墙挂板的高低。

⑤ 微调。

A. 用垂准仪、靠尺同时检查外墙挂板垂直度和相邻板间接缝宽度，使符合标准；立面垂直度通过四个连接点调节，拧紧或放松螺栓实现对垂直度的调节。

B. 构件标高通过精密水准仪来进行复核。每块板块吊装完成后须复核，每个楼层吊装完成后须统一复核。

C. 吊装调节完毕后，由项目质检员进行验收，确认安装精度符合要求后，进行最终固定，将底部调节螺栓焊接于埋件上，如图 3-22 所示。

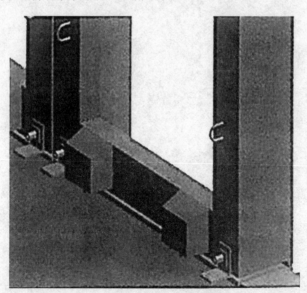

图 3-22　外墙挂板下部螺栓连接效果图

实训 3

1. 简述施工起重吊装机械选择的原则。
2. 简述施工起重吊装机械选择的依据。
3. 简述吊点选择的基本要求。
4. 简述装配式混凝土剪力墙结构吊装具体施工流程。
5. 简述装预制框架柱吊装施工流程。
6. 简述预制梁吊装施工流程。
7. 简述预制钢筋桁架板吊装工艺流程。
8. 简述预制外墙挂板吊装安装施工工艺流程。
9. 预制柱安装采用临时支撑时，应符合哪些规定？
10. 预制楼板安装采用钢独立支撑时，应符合哪些规定？

4 装配式建筑钢结构吊装施工技术

4.1 装配式建筑钢结构吊装准备

4.1.1 吊装技术准备

① 认真熟悉掌握施工图纸、设计变更，组织图纸审核和会审；核对构件的空间就位尺寸和相互之间的关系。

② 计算并掌握吊装构件的数量、单体重量和吊装安装就位高度以及连接板。螺栓等吊装铁件的数量；熟悉构件间的连接方法。

③ 组织编制吊装工程施工组织设计或作业设计（内容包括工程概况、选择吊装机械设备、确定吊装程序、方法，进度、构件制作、堆放平面布置、构件运输方法、劳动组织、构件和物资机具供应计划、保证质量安全技术措施等）。

④ 了解已选定的起重、运输及其他辅助机械设备的性能及使用要求。

⑤ 进行技术交底，包括任务、施工组织设计或作业设计，技术要求，施工保证措施，现场环境（如原有建筑物、构筑物、障碍物、高压线、电缆线路、水道、道路等）情况，内外协作配合关系等。

4.1.2 吊装构件准备

① 清点构件的型号、数量，并按设计和规范要求对构件复验合格，包括构件强度与完整性（有无严重裂缝、扭曲、侧弯、损伤及其他严重缺陷）；外形和几何尺寸、平整度；埋设件、预留孔位置、尺寸、标识、精度和数量；接头钢筋吊环、埋设件的稳固程度和构件的轴线等是否准确，有无出厂合格证等。如有超出设计或规范规定偏差，应在吊装前纠正。

② 在构件上根据就位、校正的需要弹好轴线。钢柱应弹出三面中心线；牛腿面与柱顶面中心线；±0.00线（或标高准线），吊点位置；基础杯口应弹出纵横轴线；吊车梁、屋架等构件应在端头与顶面及支承处弹出中心线及标高线；在屋架（屋面梁）上弹出天窗架、屋面板或檩条的吊装安装就位控制线，两端及顶面弹出安装中心线。

③ 现场构件进行脱模、排放；场外构件进场及排放；按图纸对构件进行编号。不易辨别上下、左右、正反的构件，应在构件上用记号注明，以免吊装时搞错。

④ 检查厂房柱基轴线和跨度，基础地脚螺栓位置和伸出是否符合设计要求，找好柱基标高。

4.1.3 吊装接头准备

① 准备和分类清理好各种金属支撑件及吊装安装接头用连接板、螺栓、铁件和吊装安装

垫铁；施焊必要的连接件（如屋架、吊车梁垫板、柱支撑连接件及其余与柱连接相关的连接件），以减少高空作业。清除构件接头部位及埋设件上的污物、铁锈。

② 对需组装拼装及临时加固的构件，按规定要求使其达到具备吊装条件。

③ 在基础杯口底部，根据柱子制作的实际长度（从牛腿至柱脚尺寸）误差，调整杯底标高，用 1∶2 水泥砂浆找平，标高允许差为 ±5 mm，以保持吊车梁的标高在同一水平面上；当预制柱采用垫板吊装安装或重型钢柱采用杯口吊装安装时，应在杯底设垫板处局部抹平，并加设小钢垫板。

④ 柱脚或杯口侧壁未划毛的，要在柱脚表面及杯口内稍加凿毛处理。

⑤ 钢柱基础，要根据钢柱实际长度牛腿间距离，钢板底板平整度检查结果，在柱基础表面浇筑标高块（块成十字式或四点式），标高块强度不小于 30 MPa，表面埋设 16～20 mm 厚钢板，基础上表面亦应凿毛。

4.1.4　构件吊装稳定性的检查

① 根据起吊点位置，验算柱、屋架等构件吊装时的抗裂度和稳定性，防止出现裂缝和构件失稳。

② 对屋架、天窗架、组合式屋架、屋面梁等侧向刚度差的构件。在横向用 1～2 道杉木脚手杆或竹竿进行加固。

③ 按吊装方法要求，将构件按吊装平面布置图就位。直立排放的构件，如屋架天窗架等，应用支撑稳固。高空就位构件应绑扎好牵引溜绳、缆风绳。

4.1.5　吊装机具、材料准备

① 检查吊装用的起重设备、配套机具、工具等是否齐全、完好，运输是否灵活，并进行试运转。准备好并检查吊索、卡环、绳卡、横吊梁、倒链、千斤顶、滑车等吊具的强度和数量是否满足吊装需要。

② 准备吊装用工具，如高空用吊挂脚手架、操作台、爬梯、溜绳、缆风绳、撬杠、大锤、钢（木）楔、垫木、铁垫片、线锤、钢尺、水平尺，测量标记以及水准仪经纬仪等。做好埋设地锚等工作。

③ 准备施工用料，如加固脚手杆、电焊、气焊设备、材料等的供应准备。

A. 焊接材料的准备。

钢结构焊接施工之前应对焊接材料的品种、规格、性能进行检查，各项指标应符合现行国家标准和设计要求。检查焊接材料的质量合格证明文件、检验报告及中文标志等。对重要钢结构采用的焊接材料应进行抽样复验。

B. 高强度螺栓的准备。

钢结构设计用高强度螺栓连接时应根据图纸要求分规格统计所需高强度螺栓的数量并配套供应至现场。应检查其出厂合格证、扭矩系数或紧固轴力（预拉力）的检验报告是否齐全，并按规定作紧固轴力或扭矩系数复验。对钢结构连接件摩擦面的抗滑移系数进行复验。

4.1.6　临时设施、人员的准备

整平场地、修筑构件运输和起重吊装开行的临时道路，并做好现场排水设施。清除工程吊装范围内的障碍物，如旧建筑物、地下电缆管线等。铺设吊装用供水、供电、供气及通信线路。修建临时建筑物，如工地办公室、材料仓库、机具仓库、工具房、电焊机房、工人休息室、开水房等。按吊装顺序组织施工人员进场，并进行有关技术交底、培训、安全教育。

4.2　装配式建筑钢结构吊装安装工程程序

钢结构吊装安装工程控制程序如图 4-1 所示：

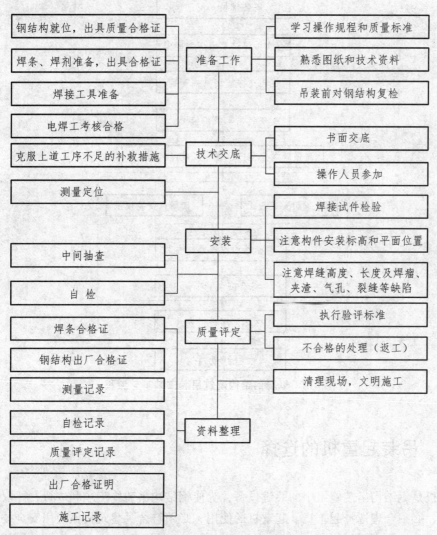

图 4-1　钢结构吊装安装工程控制程序

单层钢结构建筑吊装安装工艺流程如图 4-2 所示：

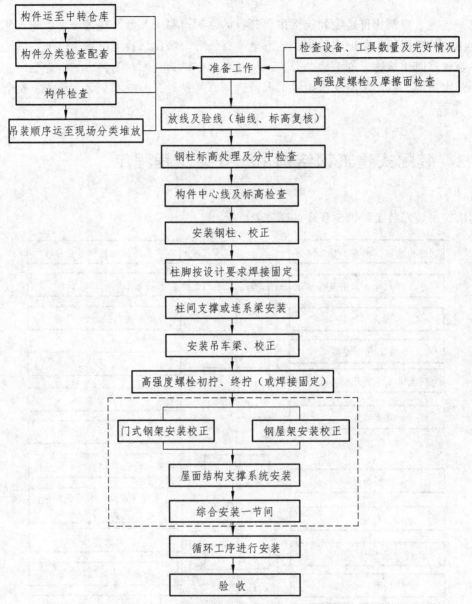

图 4-2 单层钢结构建筑吊装安装工艺流程

4.3 吊装起重机的选择

起重机是钢结构吊装施工中的关键设备，为使钢结构吊装施工顺利进行，并取得良好的经济效益，必须合理选择起重机。起重机的使用，必须符合《建筑机械使用安全技术规程》（JGJ 33—2012）的规定。

4.3.1 选择依据

① 构件最大重量（单个）、数量、外形尺寸、结构特点、吊装安装高度及吊装方法等；

② 各类型构件的吊装要求。施工现场条件（道路、地形、邻近建筑物、障碍物等）；

③ 选用吊装机械的技术性能（起重量、起重臂杆长、起重高度、回转半径、行走方式）；

④ 吊装工程量的大小、工程进度要求等；

⑤ 现有或能租赁到的起重设备；

⑥ 施工技术水平；

⑦ 构件吊装的安全和质量要求及经济合理性。

4.3.2 选择原则

① 选用时，应考虑起重机的性能（工作能力），使用方便，吊装效率，吊装工程量和工期等要求；

② 能适应现场道路、吊装平面布置和设备、机具等条件，能充分发挥其技术性能；

③ 能保证吊装工程质量、安全施工，且有一定的经济效益；

④ 避免使用大起重能力的起重机起吊小构件，起重能力小的起重机超负荷吊装大的构件，或选用改装的未经过实际负荷试验的起重机进行吊装，或使用台班费高的设备。

4.3.3 起重机型式的选择

① 一般吊装多按履带式、轮胎式、汽车式、塔式的顺序选用，一般是：对高度不大的中、小型厂房，应先考虑使用起重量大、可全回转使用，移动方便的 100～150 kN 履带式起重机和轮胎式起重机吊装主体结构；大型工业厂房主体结构的高度和跨度较大、构件较重，宜采用 500～750 kN 履带式起重机和 350～1 000 kN 汽车式起重机吊装；大跨度又很高的重型工业厂房的主体结构吊装，宜选用塔式起重机吊装。

② 对厂房大型构件，可采用重型塔式起重机和塔桅起重机吊装。

③ 缺乏起重设备或吊装工作量不大、厂房不高，可考虑采用独脚桅杆、人字桅杆、悬臂桅杆及回转式桅杆（桅杆式起重机吊装）等吊装，其中回转式桅杆最适于单层钢结构厂房进行综合吊装；对重型厂房亦可采用塔桅式起重机进行吊装。

④ 若厂房位于狭窄地段，或厂房采取敞开式施工方案（厂房内设备基础先施工），宜采用双机抬吊吊装厂房屋面结构，或单机在设备基础上铺设枕木垫道吊装。

⑤ 对起重臂杆的选用，一般柱吊车梁吊装宜选用较短的起重臂杆；屋面构件吊装宜选用较长的起重臂杆，且应以屋架、天窗架的吊装为主选择。

⑥ 在选择时，如起重机的起重量不能满足要求，可采取以下措施：

A. 增加支腿或增长支腿，以增大倾覆边缘距离，减少倾覆力矩来提高起重能力；

B. 后移或增加起重机的配重，以增加抗倾覆力矩，提高起重能力；

C. 对于不变幅、不旋转的臂杆，在其上端增设拖拉绳或增设一钢管或格构式脚手架或人字支撑桅杆，以增强稳定性和提高起重性能。

4.4 钢结构吊装施工

装配式建筑钢结构吊装安装施工主要是主要结构构件钢柱、屋架、吊车梁、屋面板和钢梯栏杆等附属构件的吊装安装。其内容主要是定位复线、吊装方案和校正等工作。

4.4.1 钢柱基础

构件吊装安装前，必须取得基础验收的合格资料。基础施工单位分批或一次交给，但每批所交的合格资料应是一个吊装安装单元的全部柱基基础。

（1）复核定位

复核定位应使用轴线控制点和测量标高的基准点。即柱及基础弹线、杯底抄平工作。

① 弹线。

钢柱应在柱身的三个面弹出吊装安装中心线、基础顶面线、地坪标高线。矩形截面柱吊装安装中心线按几何中心线；工字形截面柱除在矩形部分弹出中心线外，为便于观测和避免视差，还应在翼缘部位弹一条与中心线平行的线。此外，在柱顶和牛腿顶面还要弹出屋架及吊车梁的吊装安装中心线。

基础杯口顶面弹线要根据厂房的定位轴线测出，并应与柱的吊装安装中心线相对应，作为柱吊装安装、对位和校正时的依据。

② 杯底抄平。

杯底抄平是对杯底标高进行的二次检查和调整，以保证柱吊装后牛腿顶面标高的准确。

调整方法是：首先，测出杯底的实际标高 h_1，量出柱底至牛腿顶面的实际长度 h_2，然后，根据牛腿顶面的设计标高 h 与杯底实际标高 h_1 之差，可得柱底至牛腿顶面应有的长度 $h_3 = h - h_1$；其次，将 h_3 与量得的实际长度 h_2 相比，得到施工误差即杯底标高应有的调整值 $\Delta h = h_3 - h_2 = h - h_1 - h_2$，并在杯口内标出；最后，施工时，用 1：2 水泥砂浆或细石混凝土将杯底抹平至标志处。为使杯底标高调整值 Δh 为正值，施工时，杯底标高控制值一般均要低于设计值 50 mm。

③ 地脚预埋。

地脚预埋是整个工程施工的第一步。也是非常关键的一步，是整个工程的基础。

A. 熟悉图纸，了解图纸的意图和施工规范要求，并严格执行。

B. 对上建的轴线和标高进行校对和复测并做好记录。根据记录分析存在的问题，会同监理和土建人员对存在的问题做出处理意见，并处理，做好处理后记录。

C. 按照设计图纸对地脚螺栓进行外观、直径、整体长度和丝扣长度、丝扣检查，并做好记录。对存在的问题进行处理或向制作部门书面反应，并要求解决时间。

D. 对地脚丝扣进行防腐处理和保护丝扣的包扎处理。

E. 检查地脚吊装安装模板的中心线和孔径孔距尺寸存在的问题并做好记录。对存在的问题及时处理。

F. 用木工墨盒放出模板的中心线，作为测量点。

④ 钢结构的柱脚。

钢结构的柱脚即钢柱与钢筋混凝土基础或基础梁的连接节点。柱脚节点作为结构的整体，不仅在设计阶段，而且在工厂制作、现场吊装安装等环节都必须保证质量。根据对柱脚的受力分为以下几种形式，如图 4-3 所示：

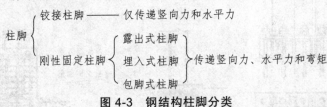

图 4-3　钢结构柱脚分类

刚架柱脚主要分为铰接柱脚和刚接柱脚，一般构造如图 4-4 所示。铰接柱脚采用低锚栓直接锚固于柱底板，可承受柱底剪力，同时也具有一定的抗弯能力以保证柱在吊装安装过程中的稳定；当刚接柱脚为带有一定高度柱靴高锚栓构造时，锚栓不能承受剪力，应由底板与混凝土之间的摩擦力承受，当剪力大于静摩擦力时，应设置专门的抗剪件。当埋置深度受限制时，锚栓应牢固地固定在锚板或锚梁上，以传递全部拉力，此时，锚栓与混凝土之间黏结力不予考虑。

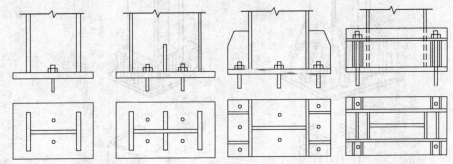

(a)一对锚栓的铰接柱脚 (b)两对锚栓的铰接柱脚 (c)带加劲肋的刚接柱脚 (d)带靴梁的刚接柱脚

图 4-4　门式钢架柱脚形式

高层钢结构中，一般采用刚性固定柱脚，常见的柱脚形式如图 4-5 所示：

A. 固定露出式柱脚。

刚性固定露出式柱脚主要由底板、加劲肋（加劲板）、锚栓及锚栓支承托座等组成，各部分的部件都应具有足够的强度和刚度，且相互间应有可靠的连接。当荷载较大时，为提高柱脚底板的刚度和减小底板的厚度，施工中采用增设加劲肋和锚栓支承托座等补强措施，如图4-6 所示。

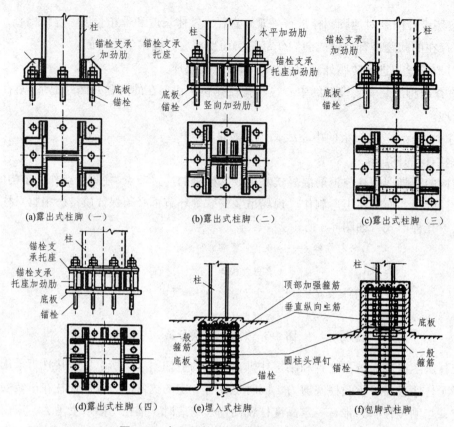

（a)露出式柱脚（一）　　　　（b)露出式柱脚（二）　　　　（c)露出式柱脚（三）

（d)露出式柱脚（四）　　（e)埋入式柱脚　　（f)包脚式柱脚

图 4-5　高层结构常见刚性固定柱脚节点

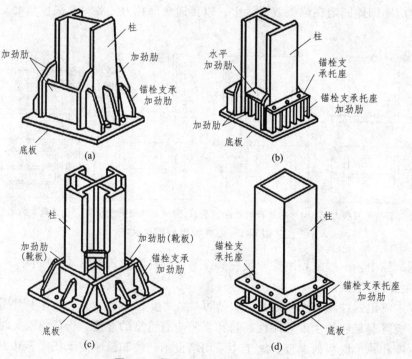

（a)　　　　　　　　　　　　　（b)

（c)　　　　　　　　　　　　　（d)

图 4-6　露出式柱脚的补强示例

柱脚底板下部二次浇筑的细石混凝土或水泥砂浆，将给予柱脚初期刚度很大的影响，应灌高强度等级细石混凝土或膨胀水泥砂浆。通常是采用强度等级为 C40 的细石混凝土或强度等级为 M5 的膨胀水泥砂浆。

B. 刚性固定埋入式柱脚。

刚性固定埋入式柱脚是直接将钢柱埋入钢筋混凝土基础或基础梁的柱脚。其施工方法：一是预先将钢柱脚按要求组装固定在设计标高上，然后浇灌基础或基础梁的混凝土；另一种是在浇灌混凝土时，按要求预留吊装安装钢柱脚用的插入杯口，待吊装安装好钢柱脚后，再按要求填充杯口部分的混凝土。通常情况下，为提高和确保钢柱脚和钢筋混凝土基础或基础梁的组合效应和整体刚度有利，在工程实际中多采用第一种。

在埋入式柱脚中，钢柱的埋入深度是影响柱脚的固定度、承载力和变形能力的重要因素，需要选择易于进行钢筋混凝土补强的埋入深度来处置。施工中为防止钢柱的局部压屈和局部变形，在钢柱向钢筋混凝土基础或基础梁传递水平力处压应力最大值的附近，设置水平加劲肋是一个有效的补强措施；对箱形截面柱和圆管形截面柱除设置水平加劲的环形横隔外，在箱内和管内浇筑混凝土也能获得良好的效果，如图 4-7 所示。

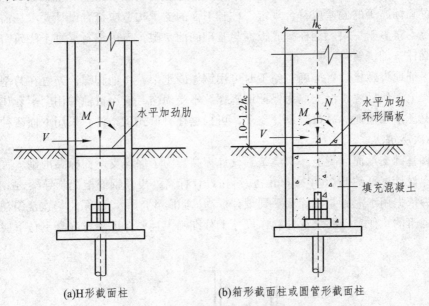

(a)H形截面柱　　　　(b)箱形截面柱或圆管形截面柱

图 4-7　埋入式柱脚的钢柱加劲补强

为防止基础或基础梁中混凝土早期的压坏和剪坏，并有利于配置补强钢筋和浇筑混凝土，合理地确定钢柱周边的钢筋混凝土保护层厚度及其配筋是很重要的。在中柱、边柱和角柱中，其钢筋混凝土保护层厚度有时是不尽一致的，特别在边柱和角柱的柱脚中，对没有设置基础梁的一侧，钢柱翼缘面处的钢筋混凝土保护层必须有足够的厚度。同时，配置在钢柱埋入部分中的钢筋，除基础或基础梁应有的配筋外，尚应在钢柱周边增设补强垂直纵向主筋、架立筋、箍筋、顶部加强箍筋、基础梁主筋在钢柱埋入部分水平方向弯折处的加强箍筋。

埋入式柱脚的锚栓一般仅作吊装安装过程中起固定之用。锚栓的直径，通常是根据其与钢柱板件厚度和底板厚度相协调的原则来确定，一般可在 20～42 mm 的范围内采用，且不宜小于 20 mm。锚栓的数目常采用 2 个或 4 个，同时应与钢柱的截面形式、截面大小，以及吊装安装要求相协调。锚栓应设置弯钩、或锚板、或锚梁，其锚固长度不宜小于 25 倍的锚栓直径。柱脚底板的锚栓孔径，宜取锚栓直径加 5~10 mm；错栓垫板的锚栓孔径，取锚栓直径加 2 mm。垫板的厚度取与柱脚底板厚度相同。在柱吊装安装校正完毕后，应将错栓垫板与底板焊牢，其焊脚尺寸不宜小于 10 mm，应采用双螺母紧固；为防止螺母松动，螺母与锚栓垫板宜进行点焊；在埋设锚栓时，一般宜采用锚栓固定架，以确保锚栓位置的正确。

C. 刚性固定包脚式柱脚。

固定包脚式柱脚就是按一定的要求将钢柱脚采用钢筋混凝土包起来的柱脚。包脚式柱脚的设定位置应视具体情况而定，有在楼面、地面之上的，也有在楼面、地面之下的，包脚式柱脚的钢筋混凝土包脚高度、截面尺寸和箍筋配置（特别是顶部加强箍筋），对柱脚的内力传递和恢复力特性起着重要的作用。设计中应使混凝土的包脚有足够的高度和保护层厚度，并要适当配置补强箍筋，且其细部尺寸尚应满足构造上的要求。对于钢柱翼缘外侧面的钢筋混凝土保护层厚度一般不应小于 19 mm，尚应满足配筋的构造要求。

（2）基础验收数据资料复核

安装前应根据基础验收资料复核各项数据，并标注在基础表面上。支承面、支座和地脚螺栓的位置和标高等的偏差应符合规定。柱脚下面的支承构造应符合设计要求。需要填垫钢板时，每叠不得多于三块。钢柱脚底板面与基础间的空隙，应用细石混凝土浇筑密实。

（3）钢柱基础浇筑

为了保证地脚螺栓位置准确，施工时可用钢做固定架，将地脚螺栓安置在与基础模板分开的固定架上，然后浇筑混土。为保证地脚螺纹不受损伤，应涂黄油并用套子套住。

为了保证基础顶面标高符合设计要求，可根据柱脚形式工条件，采用下面两种方法。

① 一次浇筑法。

将柱脚基础支承面混凝土一次浇筑到设计标高。为了保证支承面标高准确，首先将混凝土浇筑到比设计标高约低 20~30 mm 处，后在设计标高处设角钢或槽钢制导架，测准其标高，再以导架为依据用水泥砂浆精确找平到设计标高（如图 4-8 所示）。采用一次浇筑法，可免除柱脚二次浇筑的工作，但要求钢柱制作尺寸十分准确，且要保证细石混凝土与下层混凝土的紧密黏结。

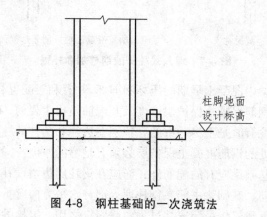

图 4-8　钢柱基础的一次浇筑法

② 二次浇筑法。

柱脚支承面混凝土分两次浇筑到设计标高。

基准标高实测在柱基中心表面和钢柱底面之间，考虑到施工因素，设计时都考虑有一定的间隙作为钢柱安装时的柱高调整，该间隙一般规定为 50 ~ 70 mm，我国的规范规定为 50 mm。基准标高点一般设置在柱基底板的适当位置，四周加以保护，作为整个高层钢结构工程施工阶段标高的依据。以基准标高点为依据，对钢柱柱基表面进行标高实测，将测得的标高偏差用平面图表示，作为临时支承标高块调整的依据。

标高块设置柱基表面采取设置临时支承标高块的方法来保证钢柱安装控制标高。要根据荷载大小和标高块材料强度来计算标高块的支承面积。标高块一般用砂浆、钢垫板和无收缩砂浆制作。一般砂浆强度低，只用于装配钢筋混凝土柱杯形基础找平；钢垫块耗钢多，加工复杂；无收缩砂浆是高层钢结构标高块的常用材料，因它有一定的强度，而且柱底灌浆也用无收缩砂浆，传力均匀。

柱底灌浆第一次将混凝土浇筑到比设计标高约低 40 ~ 60 mm，待混凝土达到一定强度后，放置钢垫板并精确校准钢垫板的标高，然后吊装钢柱。待钢柱吊装、校正和锚固螺栓固定后，要进行柱脚底板下浇筑细石混凝土。二次浇筑法虽然多了一道工序，但钢柱容易校正，故重型钢柱多采用此法。

4.4.2 单层钢柱安装

钢柱安装方法有旋转吊装法和滑行吊装法两种。单层轻钢结构钢柱宜采用旋转法吊升。吊升时，宜在柱脚底部拴好拉绳并垫以垫木，防止钢柱起吊时，柱脚拖地和碰坏地脚螺栓。

钢柱吊装施工步骤如下：

（1）绑扎

钢柱的绑扎方法、绑扎点数目和位置，要根据柱的形状、断面、长度及起重机的起重性能确定。

① 绑扎点数目与位置。

柱的绑扎点数目与位置应按起吊时由自重产生的正负弯矩绝对值基本相等且不超过柱允许值的原则确定，以保证柱在吊装过程中不折断、不产生过大的变形。

中、小型柱大多可绑扎一点，对于有牛腿的柱，吊点一般在牛腿下 200 mm 处。

重型柱或配筋少而细长的柱（如抗风柱）。为防止起吊过程中柱身断裂，需绑扎两点，且吊索的合力点应偏向柱重心上部。必要时，需验算吊装应力和裂缝宽度后确定绑扎点数目与位置。

工字形截面柱和双肢柱的绑扎点应选在实心处，否则应在绑扎位置用方木垫平。

对于重型或配筋少的细长柱，则需两点甚至三点绑扎。

② 绑扎方法。

A. 斜吊绑扎法。

如果柱的宽面起吊后抗弯强度满足要求时，可采用斜吊绑扎法。柱子在平卧状态下绑扎，不需翻身直接从底模上起吊；起吊后，柱呈倾斜状态，吊索在柱子宽面一侧，起重钩可低于柱顶，起重高度可较小；但对位不方便，宽面要有足够的抗弯能力。

B. 直吊绑扎法。

当柱的宽面起吊后抗弯能力不足，吊装前需先将柱子翻身再绑扎起吊；起吊后，柱呈直立状态，起重机吊钩要超过柱顶，吊索分别在柱两侧，故需要铁扁担，需要的起重高度比斜吊法大；柱翻身后刚度较大，抗弯能力增强，吊装时柱与杯口垂直，对位容易。

（2）吊升

柱的吊升法方法应根据柱的重量、长度、起重机的性能和现场条件确定。根据柱在吊升过程中运动的特点，吊升方法可分为旋转法和滑行法两种。重型柱子有时还可用两台起重机抬吊。

① 旋转法。

采用旋转法吊装柱时，为了操作方便和起重臂不变幅，钢柱在排放时，应使柱脚宜靠近基础，柱的绑扎点、柱脚中心与基础中心三者宜位于起重机的同一起重半径的圆弧上，该圆弧的圆心为起重机的回转中心，半径为圆心到绑扎点的距离，并应使柱脚尽量靠近基础。这种布置方法称为"三点共弧"。起吊时，起重臂边升钩、边回转，使柱身绕柱脚（柱脚不动）旋转直到竖直，起重机将柱子吊离地面后稍微旋转起重臂使柱子处于基础正上方，然后将其插入基础杯口，如图 4-9 所示。

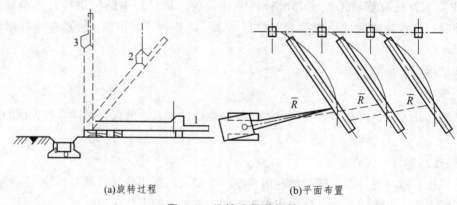

(a)旋转过程　　　　　　　　　(b)平面布置

图 4-9　旋转法吊装钢柱

若受施工现场条件限制，不可能将柱的绑扎点、柱脚和柱基三者同时布置在起重机的同一起重半径的圆弧上时，可采用柱脚与基础中心两点共弧布置，但这种布置时，柱在吊升过程中起重机要变幅，影响工效。旋转法吊升柱受震动小，生产效率较高，但对平面布置要求高，对起重机的机动性要求高。当采用自行杆式起重机时，宜采用此法。

② 滑行法。

采用单机滑行法吊装柱时，起重臂不动，仅起重钩上升，使柱脚沿地面滑行柱子逐渐直立，而柱脚则沿地面滑向基础，直至将柱提离地面，把柱子插入杯口，见图 4-10。

采用滑行法布置柱的预制或排放位置时，应使绑扎点靠近基础，绑扎点与杯口中心均位于起重机的同一起重半径的圆弧上。

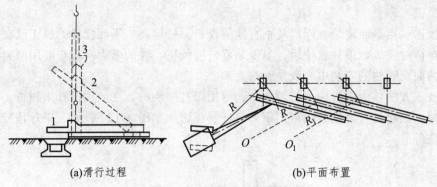

(a)滑行过程　　　　　　　　(b)平面布置

图 4-10　滑行法吊装钢柱

　　滑行法吊升柱受震动大，但对平面布置要求低，对起重机的机动性要求低。滑行法一般用于：柱较重、较长而起重机在安全荷载下回转半径不够时；或现场狭窄无法按旋转法排放布置时；以及采用桅杆式起重机吊装柱时等情况。为了减小柱脚与地面的摩擦阻力，宜在柱脚处设置托木、滚筒等。

　　如果用双机抬吊重型柱，仍可采用旋转法（两点抬吊）和滑行法（一点抬吊）。滑行法中，为了使柱身不受振动，又要避免在柱脚加设防护措施的烦琐，可在柱下端增设一台起重机，将柱脚递送到杯口上方，成为三机抬吊递送法。

　　（3）对位和临时固定

　　钢柱插入杯口后应迅速对准纵横轴线，并使地脚螺栓对孔，注意钢柱垂直度，在基本达到要求后，方可落下就位，并在杯底处用钢楔把柱脚卡牢，在柱子倾斜面敲打楔子，对面楔子只能松动，不得拔出，以防柱子倾倒。

　　如柱采用直吊法时，柱脚插入杯口后应悬离杯底 30 ~ 50 mm 距离进行对位。

　　如用斜吊法，可在柱脚接近杯底时，于吊索一侧的杯口中插入两个楔子，再通过起重机回转进行对位。对位时应从柱四周向杯口放入 9 个楔块，并用撬棍拨动柱脚，使柱的吊装中心线对准杯口上的吊装准线，并使柱基本保持正直。柱对位后，应先把楔块略为打紧（如图 4-11 所示），再放松吊钩，检查柱沉至杯底后的对中情况，若符合要求，即可将楔块打紧或拧上四角地脚螺栓作柱的临时固定，然后起重钩便可脱钩。钢柱垂直度偏差宜控制在 20 mm 以内。吊装重型柱或细长柱除采用楔块临时固定外，必要时增设缆风绳拉锚。

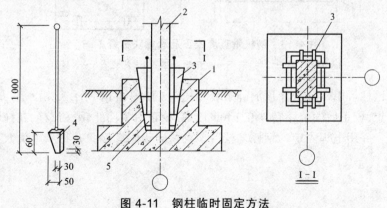

图 4-11　钢柱临时固定方法

1—杯型基础；2—钢柱；3—钢或木楔；4—钢塞；5—嵌小钢塞或卵石

（4）校正

柱的校正包括平面定位、标高及垂直度的校正。柱标高、平面位置的校正已在基础杯底抄平、柱对位时完成。钢柱就位后，主要是垂直度校正。柱的垂直度检查要用两台经纬仪从柱的相邻两面观察柱的安装中心线是否垂直。

柱的校正方法：当垂直偏差值较小时，可用敲打楔块的方法或用钢钎来纠正；当垂直偏差值较大时，如超过允许偏差，可用钢管撑杆斜顶法（如图 4-12 所示）、千斤顶校正法及缆风绳校正法等。

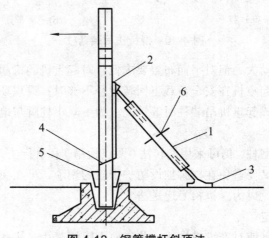

图 4-12 钢管撑杆斜顶法

1—丝杆撑杆；2—垫块；3—底座；4—柱子；5—木或钢楔；6—转动手柄

用螺旋千斤顶或油压千斤顶进行校正时，在校正过程中，随时观察柱底部和标高控制块之间是否脱空，以防校正过程中造成水平标高的误差，如图 4-13 所示。

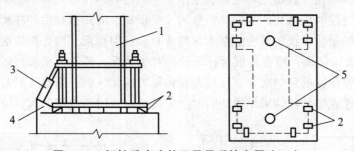

图 4-13 钢柱垂直度校正及承重块布置（一）

1—钢柱；2—控制块；3—油压千斤顶；4—底座；5—灌浆孔

对于重型钢柱可用螺旋千斤顶加链条套环托座（如图 4-14 所示），沿水平方向顶校钢柱。此法效果较理想，校正后的位移精度在 1 mm 以内。校正后为防止钢柱位移，在柱四边用 10 mm 厚的钢板定位，并用电焊固定。钢柱复校后，再紧同锚固螺栓，并将承重块上下点焊固定，防止走动。

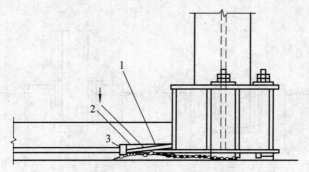

图 4-14　钢柱垂直度校正及承重块布置（二）

1—链条；2—螺旋千斤顶；3—托座

钢柱安装校正时注意以下事项：

① 钢柱校正应先校正偏差大的一面，后校正偏差小的一面，如两个面偏差数字相近，则应先校正小面，后校正大面。

② 钢柱在两个方向垂直度校正好后，应再复查一次平面轴线和标高，如符合要求，则打紧柱四周八个楔子，使其松紧一致，以免在风力作用下向松的一面倾斜。

③ 钢柱垂直度校正须用两台精密经纬仪观测，观测的上测点应设在柱顶，仪器架设位置应使其望远镜的旋转面与观测面尽量垂直（夹角应大于 75°），以避免产生测量差误。

④ 风力影响。

风力对柱面产生压力，柱面的宽度越宽，柱子高度越高，受风力影响也就越大，影响柱子的侧向弯曲也就越大。因此，柱子校正操作时，当柱子高度在 9 m 以上，风力超过 5 级时不能进行。

⑤ 最后固定。

钢柱校正完毕后，应立即进行最后固定。

对无垫板安装钢柱的固定方法是在柱脚与杯口的空隙中浇筑比柱混凝土强度等级高一级的细石混凝土。灌筑混凝土分两次进行，第一次灌至楔块底面，待混凝土强度达到 25%后，拔出楔块，再将混凝土浇满杯口。待第二次浇筑的混凝土强度达 70%后，方可拆除缆风绳，吊装上部构件。

对有垫板安装钢柱的二次灌注方法，通常采用赶浆法或压浆法，如图 4-15 所示。

赶浆法是在杯口一侧灌强度等级高一级的无收缩砂浆（掺水泥用量 0.03‰～0.05‰的铝粉）或细石混凝土，用细振动棒振捣使砂浆从柱底另一侧挤出，待填满柱底周围约 10 mm 高，接着在杯口四周均匀地灌细石混凝土至与杯口平。

压浆法是于杯口空隙内插入压浆管与排气管，先灌 20 cm 高混凝土，并插捣密实，然后开始压浆，待混凝土被挤压上拱，停止顶压；再灌 20 cm 高混凝土顶压一次即可拔出压浆管和排气管，继续灌注混凝土至与杯口平。本法适用于截面很大、垫板高度较薄的杯底灌浆。

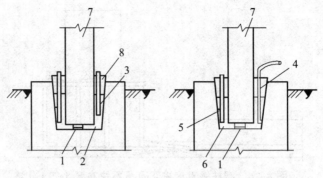

(a)用赶浆法二次灌浆   (b)用压浆法二次灌浆

图 4-15 有垫板安装柱子灌浆方法

1—钢垫板；2—细石混凝土；3—插入式振动器；4—压浆管；
5—排气管；6—水泥砂浆；7—柱；8—钢楔

对采用地脚螺栓方式连接的钢柱，当钢柱安装最后校正后，拧紧螺母进行最后固定，如图 4-16 所示。

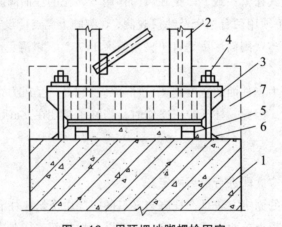

图 4-16 用预埋地脚螺栓固定

1—柱基础；2—钢柱；3—钢柱脚；4—地脚螺栓；5—钢垫板；
6—二次灌浆细石混凝土；7—柱脚外包混凝土

4.4.3 多层与高层钢柱吊装安装

建筑钢结构的安装，必须按照建筑物的平面形状、结构形式、安装机械的数量和位置等，合理划分安装施工流水区段。

（1）施工流水段的划分和安装顺序图表的编制

① 流水段划分原则及安装顺序。

平面流水段的划分应考虑钢结构在安装过程中的对称性和整体稳定性。其安装顺序一般应由中央向四周扩展，以利焊接误差的减少和消除。钢结构吊装按划分的区域，平行顺序同时进行。当一片区吊装完毕后，即进行测量、校正、高强度螺栓初拧等工序，待几个片区安装完毕后，对整体再进行测量、校正、高强度螺栓终拧、焊接。焊后复测完，接着进行下一节钢柱的吊装。柱与柱的接头宜设在弯矩较小位置或梁柱节点位置，同时要照顾到施工方便。每层楼的柱接头宜布置在同一高度，便于统一构件规格，减少构件型号。

立面流水以一节钢柱（各节所含层数不一）为单元。每个单元以主梁或钢支撑、带状桁架安装成框架为原则；其次是次梁、楼板及非结构构件的安装。塔式起重机的提升、顶升与锚固，均应满足组成框架的需要。多层与高层钢结构吊装一般需划分吊装作业区域，柱长度一般 1~2 层楼高为一节，也可 3~4 层为一节，视起重机性能而定。当采用塔身起重机进行吊装时，以 1~2 层楼高为宜；对 4~5 层框架结构，采用履带式起重机进行吊装时，柱长可采用一节到顶的方案。图 4-17 为高层钢结构安装工程安装顺序举例图。

② 安装顺序表的编制和要求。

多层或高层建筑钢结构安装前，应根据安装流水段和构件安装顺序，编制构件安装顺序表。表中应注明每一构件的节点型号、连接件的规格数量、高强度螺栓规格、栓焊数量及焊接量、焊接形式等。构件从成品检验、运输、现场核对、安装、校正到安装后的质量检查及在地面进行构件组拼扩大安装单元时都使用该图表。

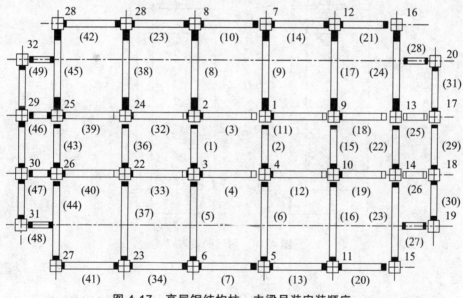

图 4-17 高层钢结构柱、主梁吊装安装顺序

1、2、3……——钢柱吊装安装顺序；（1）（2）（3）……——钢梁吊装安装顺序

（2）钢柱的吊装

① 吊点设置。

吊点位置及吊点数，根据钢柱形状、断面、长度、起重机性能等具体情况确定。多层与高层钢结构框架柱，由于长细比较大，吊装时必须合理选择吊点位置和吊装方法，必要时应对吊点进行吊装应力和抗裂度验算。一般情况下，钢柱弹性和刚性都很好，吊点采用一点正吊。吊点设置在柱顶处，柱身竖直，吊点通过柱重心位置，易于起吊、对线、校正。对于柱

长 14~20 m 的长柱则应采用两点绑扎起吊，应尽量避免采用多点绑扎，以防止在吊装过程中构件受力不均而产生裂缝或断裂。

② 耳板设置。

当柱与柱焊接时，为了保证施工时能抗弯和便于校正上下翼缘的错位，需预先在柱端上安装耳板作临时的固定。为了保证吊装时索具安全，吊装钢柱时，应设置吊耳，吊耳应基本通过钢柱重心的铅垂线，吊耳设置如图 4-18 所示。对于 H 型钢柱，耳板应焊接在翼缘两侧的边缘上，以提高稳定性和便于施焊。考虑阵风和其他施工荷载的影响，耳板用厚度不小于 10 mm 的普通钢板做成；对于工字形柱，耳板设置于柱翼缘两侧，以便发挥较大作用对于方管柱的耳板仅设置一个方向，这对工地焊接比较方便。

耳板在节点焊接完后应割除磨平。

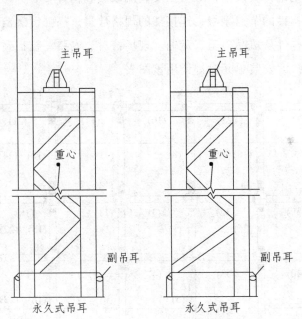

图 4-18　吊耳的设置

③ 起吊方法。

多层与高层钢结构工程中，钢柱一般采用单机起吊，对于特殊或超重的构件，也可采取双机抬吊，如图 4-19 所示。

双机抬吊应注意的事项：

A. 尽量选用同类型起重机；

B. 根据起重机能载分配；

C. 各起重机的荷载不宜超过其相应起重能力的 90%；

D. 在操作过程中，要可相配合动作协调，如采用铁扁担起吊，尽量使铁扁担保持平衡，倾斜角度小，以防一台起重机失重而使另一台起重机超载，造成安全事故；

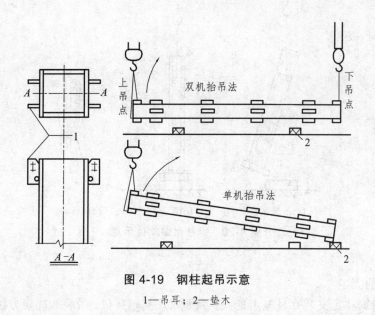

图 4-19　钢柱起吊示意

1—吊耳；2—垫木

E. 信号指挥，分指挥必须听从总指挥

钢柱起吊前，应从柱底板向上 500 ~ 1 000 mm 处，划一水平线，以便安装固定前后作复查平面标高基准用。

钢柱吊装施工中为了防止钢柱根部在起吊过程中变形，钢柱吊装一般采用双机抬吊，主机吊在钢柱上部，辅机吊在钢柱根部，待柱子根部离地一定距离（约 2 m 左右）后，辅机停止起钩，主机继续起钩和回转，直至把柱子吊直后，将辅机松钩。

钢柱安装属于竖向垂直吊装，为使吊起的钢柱保持下垂，便于就位，需根据钢柱的种类和高度确定绑扎点。具有牛腿的钢柱，绑扎点应靠牛腿下部，无牛腿的钢柱按其高度比例，绑扎点设在钢柱全长 2/3 的上方位置处，防止钢柱边缘的锐利棱角，在吊装时损伤吊绳，应用适宜规格的钢管割开一条缝，套在棱角吊绳处，或用方形木条垫护。注意绑扎牢固，并易拆除。钢柱柱脚套入地脚螺栓，防止其损伤螺纹，应用铁皮卷成筒套到螺栓上，钢柱就位后，取去套筒。

为避免吊起的钢柱自由摆动，应在柱底上部用麻绳绑好，作为牵制溜绳的调整方向。吊装前的准备工作就绪后，首先进行试吊，吊起一端高度为 100 ~ 200 mm 时应停止吊装，检查索具牢固和吊车稳定板位于安装基础时，可指挥吊车缓慢下降，当柱底距离基础位置 40 ~ 100 mm 时，调整柱底与基础两基准线达到准确位置，指挥吊车下降就位，并拧紧全部基础螺栓螺母临时将柱子加固，达到安全方可摘除吊钩。

如果进行多排钢柱安装，可继续按此做法吊装其余所有的柱子。钢柱吊装调整与就位如图 4-20 所示。起吊时钢柱必须垂直，尽量做到回转扶直，根部不拖。起吊回转过程中应注意避免同其他已经吊装好的构件相碰撞，吊索应有一定的有效高度。

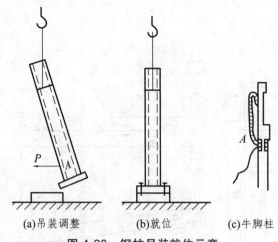

(a)吊装调整　　　　　(b)就位　　　　　(c)牛脚柱

图 4-20　钢柱吊装就位示意

A—溜绳绑扎位置

（3）钢柱的固定

① 第一节钢柱是安装在柱基上的，多为插入式基础杯口，吊装和固定方法与单层工业厂房柱相同。钢柱安装前应将登高爬梯和挂篮等挂设在钢柱预定位置并绑扎牢固，起吊就位后临时固定地脚螺栓，校正垂直度。

② 上下柱与柱连接。在高层钢结构中，钢框架一般采用工字形、H 形柱或箱形截面柱，一般柱子从上到下是贯通的。柱与柱连接是把预制柱段（为了便于制造和安装，减少柱的拼接连接节点数目，一般情况下，柱的安装单元以 2 ~ 4 个楼层高度为一根，特大或特重的柱，其安装单元应根据起重、运输、吊装等机械设备的能力来确定）在工地垂直对接。柱与柱的拼接连接节点，理想的情况应是设置在内力较小的位置。但是，在现场从施工的难易和提高安装效率方面考虑通常柱的拼接连接节点设置在距楼板顶面大约 1.1 ~ 1.3 m 的位置处。

当为 H 型钢，可用高强度螺栓连接也可以采用焊缝连接，或高强度螺栓与焊接共同使用的混合连接，如图 4-21 所示。

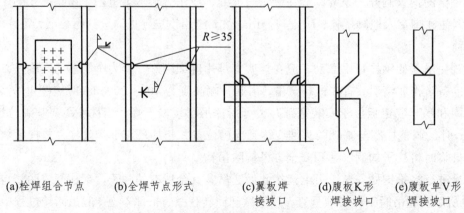

(a)栓焊组合节点　　　(b)全焊节点形式　　　(c)翼板焊　　　(d)腹板K形　　　(e)腹板单V形
　　　　　　　　　　　　　　　　　　　　　接坡口　　　　焊接坡口　　　焊接坡口

图 4-21　H 形框架柱安装拼接节点及坡口形式示意

如为箱形截面，应采用完全焊透的 V 形坡口焊缝，如图 4-22 所示。

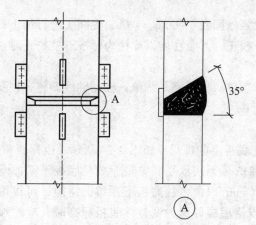

图 4-22　上柱与下柱连接构造

坡口电焊连接应先做好准备（包括焊条烘焙，坡口检查，设电弧引入、引出板和钢垫板并点焊固定，清除焊接坡口、周边的防锈漆和杂物，焊接口预热）。柱与柱的对接焊接采用二人同时对称焊接，柱与梁的焊接亦应在柱的两侧对称同时焊接，以减少焊接变形和残余应力。

对于厚板的坡口焊，打底层多用直径 4 mm 焊条焊接，中间层可用直径 5 mm 或 6 mm 焊条，盖面层多用直径 5 mm 焊条。三层应连续施焊，每一层焊完后及时清理。盖面层焊缝搭坡口两边各 2 mm，焊缝余高不超过对接焊件中较薄钢板厚的 1/10，但也不应大于 3.2 mm。焊后，当气温低于 0° 以下，用石棉布保温使焊缝缓慢冷却，焊缝质量检验均按二级检验。

当钢柱需要改变截面时，一般应尽可能地保持截面高度不变，而采用改变翼缘厚度（或板件厚度）的办法。若需改变柱截面高度时，一般常将变截面段设于梁与柱连接节点，使柱在层间保持等截面。这样，柱外带悬臂梁段的不规则连接在工厂完成以保证制作和安装质量。变截面段的坡度，一般可在 1∶4～1∶6 的范围内采用，通常取 1∶5 或 1∶6。图 4-23 是箱形变截面柱的接头形式举例。

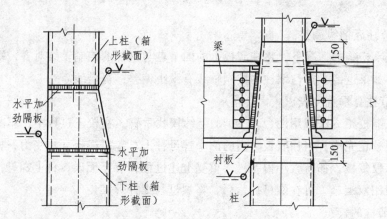

图 4-23　变截面柱与柱的连接

③ 钢柱安装到位，对准轴线，必须等地脚螺栓固定后才能松开吊索。

④ 重型柱或较长柱的临时固定，在柱与柱之间需加设水平管式支撑或设缆风绳。多层框架长柱，由于阳光照射的温差对垂直度有影响，使柱产生弯曲变形，因此，在校正中须采取

适当措施。例如，可在无强烈阳光（阴天、早晨、晚间）进行校正；同一轴线上的柱可选择第一根柱在无温差影响下校正，其余柱均以此柱为标准；柱校正时预留偏差。

（4）钢柱校正

钢柱校正主要做三件工作：柱基标高调整，柱基轴线调整，柱身垂直度校正。

① 第一节柱的校正。

A. 柱基标高调整。

放上钢柱后，利用柱底板下的螺母（如图 4-24 所示）或标高调整块控制钢柱的标高[因为有些钢柱过重，螺栓和螺母无法承受其重量，故柱底板下需加设标高调整块（钢板）调整标高]，精度可达到 ±1 mm 以内。柱底板下预留的空隙，可以用高强度、微膨胀、无收缩砂浆以捻浆法填实。当使用螺母作为调整柱底板标高时，应对地脚螺栓的强度和刚度进行计算。

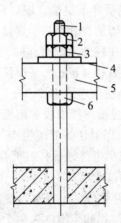

图 4-24　柱基标高调整示意

1—地脚螺栓；2—止退螺母；3—紧固螺母；4—螺母垫板；5—柱子底板；6—调整螺母

B. 第一节柱底轴线调整。

在起重机不松钩的情况下，将柱底板上的四个点与钢柱的控制轴线对齐，缓慢降落至设计标高位置。如果这四个点与钢柱的控制轴线有微小偏差，可借线。

C. 第一节柱身垂直度校正。

采用缆风绳校正方法或用两台呈 90°的经纬仪找垂直。在校正过程中，不断微调柱底板下螺母，直至校正完毕，将柱底板上面的两个螺母拧上，缆风绳松开不受力，柱身呈自由状态，再用经纬仪复核，如有微小偏差，再重复上述过程，直至无误，将上螺母拧紧。地脚螺栓上螺母一般用双螺母，可在螺母拧紧后，将螺母与螺杆焊实。

② 上下节柱的校正。

A. 上下两节柱的柱轴线调整。

为使上下柱不出现错口，尽量做到上下柱中心线重合。如有偏差，钢柱中心线偏差调整每次 3 mm 以内，如偏差过大，分 2～3 次调整。注意每一节钢柱的定位轴线决不允许使用下一节钢柱的定位轴线，应从地面控制线引至高空，以保证每节钢柱安装正确无误，避免产生过大的积累误差。上节钢柱安装就位后，按照先调整标高，再调整位移，最后调整垂直度的顺序校正。

B. 柱顶标高调整和其他节框架钢柱标高控制。

柱顶标高调整和其他节框架钢柱标高控制可以用两种方法：一是按相对标高安装，建筑物标高的累积偏差不得大于各节柱制作允许偏差的总和；另一种是按设计标高安装，按设计标高安装时，应以每节柱为单位进行柱标高的调整工作，将每节柱接头焊缝的收缩变形和在荷载作用下的压缩变形值，加到制作长度中去。通常情况下采用相对标高安装、设计标高复核的方法，将每节柱的标高控制在同一水平面上（在柱顶设置水平仪测控）。钢柱吊装就位后，合上连接板，用大六角高强度螺栓固定连接上下钢柱的连接耳板，但不能拧得太紧，通过起重机起吊，撬棍可微调上下柱间间隙。量取上柱柱根标高线与下柱柱头标高线之间的距离，符合要求后在上下耳板间隙中打入钢楔子，点焊限制钢柱下落，考虑到焊缝及压缩变形，标高偏差调整至 4 mm 以内。正常情况下，标高偏差调整至 ± 0.000。若钢柱制造误差超过 5 mm，则应分次调整，不宜一次调整到位。

C. 扭转调整。

钢柱的扭转偏差是在制造与安装过程中产生的，可在上柱和下柱耳板的不同侧面夹入一定厚度的垫板加以调整，然后微微夹紧柱头临时接头的连接板。钢柱的扭转每次只能调整 3 mm，若偏差过大只能分次调整。塔式起重机至此可松钩。

D. 上下两节钢柱垂直度校正。

钢柱垂直度校正的重点是对钢柱有关尺寸预检，即对影响钢柱垂直度因素的预先控制。如梁与柱一般焊缝收缩值小于 2 mm；柱与柱焊缝收缩值一般在 3.5 mm。

为确保钢结构整体安装质量精度，在每层都要选择一个标准框架结构体（或剪力筒），依次向外发展安装。安装标准化框架的原则：指建筑物核心部分，几根标准柱能组成不可变的框架结构，便于其他柱安装及流水段的划分。

标准柱的垂直度校正：采用两台经纬仪对钢柱及钢梁安装跟踪观测，钢柱垂直度校正可分两步。

第一步，采用无缆风绳校正。在钢柱偏斜方向的一侧打入钢楔子或顶升千斤顶，在保证单节柱垂直度不超标的前提下，将柱顶偏轴线位移校正至 ± 0.000，然后拧紧上下柱临时接头的大六角高强度螺栓至额定扭矩。注意临时连接耳板的螺栓孔应比螺栓直径大 4 mm，利用螺栓孔扩大足够余量调节钢柱制作误差 – 1 ~ + 5 mm，螺栓孔扩大后能有够的余量将钢柱校正准确

第二步，将标准框架体的梁安装上。先安装上层梁，再安装中、下层梁，安装过程会对柱垂直度有影响，可采用钢丝绳缆索（只适宜跨内柱）、千斤顶、钢楔子和手拉葫芦进行（如图 4-25 所示），其他框架柱依标准框架体向四周发展，其做法与上同。在安装柱与柱之间的主梁构件时，应对柱的垂直度进行监测，除监测一根梁两端柱子的垂直度变化外，还应监测相邻各柱因梁连接而产生的垂直度变化。可采用 4 台经纬仪对相应钢柱进行跟踪观测。若钢柱垂直度不超标，只记录下数据；若钢柱垂直度超标，应复核构件制作误差及轴线放样误差，针对不同情况进行处理。

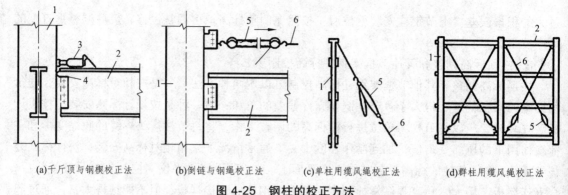

(a)千斤顶与钢楔校正法　　(b)倒链与钢绳校正法　　(c)单柱用缆风绳校正法　　(d)群柱用缆风绳校正法

图 4-25　钢柱的校正方法

1—钢柱；2—钢梁；3—1 000 kN 液压千斤顶；4—钢楔子；5—20 kN 倒链；6—钢丝绳

③ 柱子校正时的注意事项。

A. 对每根柱子需重复多次校正和观测垂直偏差值，先在起重机脱钩后电焊前进行初校，由于电焊后钢筋接头冷却收缩会使柱偏移，电焊完后应再做二次校正，梁、板安装后需再次校正。对数层一节的长柱，在每层梁安装前后均需校正，以免产生误差累积，校正方法同单层工业厂房柱。

B. 当下节柱经最后校正后，偏差在允许范围以内时便不再进行调整。在这种情况下吊装上节柱时，中心线如果根据标准中心线，则在柱子接头处的钢筋往往对不齐，若按照下节柱的中心线则会产生积累误差。一般解决的方法是：上节柱的底部在柱就位时，可对准下节柱中心线和标准中心线的中点各借一半，如图 4-26 所示；而上节柱的顶部，在校正时仍应根据标准中心线为准，以此类推。

在柱校正过程中，当垂直度和水平位移均有偏差时，如垂直度偏差较大，则应先校正垂直度，然后校正水平位移，以减少柱倾覆的可能性。柱的垂直度偏差容许值为 H/1000（H 为柱高），且不大于 15 mm。水平位移容许偏差值应控制在 ±5 mm 以内。上、下柱接口中心线位移不得超过 3 mm。

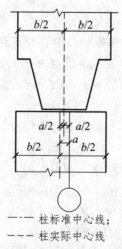

——— 柱标准中心线；
－－－ 柱实际中心线

图 4-26　上下节柱校正时中心线偏差调整简图

（5）框架钢梁的安装与校正。

① 吊装前对梁的型号、长度、截面尺寸和牛腿位置、标高进行中心线偏差调整简图检查。装上安全扶手和扶手绳（就位后拴在两端柱上）；钢梁安装采用两点起吊。安装前，根据规定装好扶手杆和扶手绳。钢梁吊装宜采用专用卡具，而且必须保证钢梁在起吊后为水平状态。主梁采用专用卡具，卡具放在钢梁端部 500 mm 的两侧，如图 4-27（a）所示。

框架梁安装原则上是一根一吊，次梁和小梁可采用多头吊索一次吊装数根，如图 4-27（b）所示，以充分发挥吊车起重能力。梁间距离应考虑操作安全。水平桁架的安装基本同框架梁，但吊点位置选择应根据桁架的形状而定，须保证起吊后平直，便于安装连接。

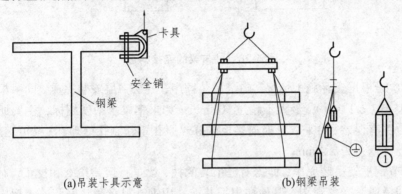

(a)吊装卡具示意   (b)钢梁吊装

图 4-27　钢梁吊装示意

节柱一般有 2 层、3 层或 4 层梁，原则上竖向构件由上向下逐件安装，由于上部和周边都处于自由状态，易于安装且保证质量。

一般在钢结构安装实际操作中，同一列柱的钢梁从中间跨开始对称地向两端扩展安装，同一跨钢梁，先安装上层梁再安装中下层梁。

② 在安装和校正柱与柱之间的主梁时，会使柱与柱之间的轴线尺寸发生变化。可先把柱子撑开，测量必须跟踪校正，预留偏差值，预留出节点焊接收缩量，柱产生的内力在焊接完毕焊缝收缩后也就消失了。梁校正完毕，用高强螺栓临时固定，再进行柱校正，紧固连接高强螺栓，焊接柱节点和梁节点，进行超声波检验。

③ 主梁与钢柱的连接一般上、下翼缘用坡口电焊连接，而腹板用高强螺栓连接。次梁与主梁的连接基本上是在腹板处用高强螺栓连接，少量再在上、下缘处用坡口电焊连接，如图4-28 所示。

柱与柱节点和梁与柱节点的焊接应互相协调，一般可以先焊接顶部柱梁节点，再焊接底部柱梁节点，最后焊接中间部分的柱梁节点。柱与主梁翼板柱的节点可以先焊，也可以后焊。

对整个框架而言，柱梁刚性接头焊接顺序应从整个结构的中间开始，先形成框架，然后再纵向继续施焊。同时梁应采取间隔焊接固定的方法，避免两端同时焊接，而使梁中产生过大的温度收缩应力。柱与梁接头钢筋焊接，全部采用 V 形缺口焊，也应采用分层轮流施焊，以减少焊接应力。

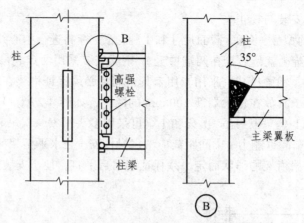

图 4-28 柱与梁的连接构造

④ 各层次梁根据实际施工情况，确定吊装顺序，一层一层安装完成。同一根梁两端的水平度，允许偏差（$L/1\,000$）；最大不超过 10 mm；如果钢梁水平度超标，主要原因是连接板位置或螺栓位置有误差，可采取更换连接板或塞焊原孔重新制孔处理。次梁可三层串吊安装，与主梁表面允许偏差为 ±2 mm。

⑤ 当一节钢框架吊装完毕，即需对已吊装的柱、梁进行误差检查和校正。对于控制柱网的基准柱用线锤或激光仪观测，其他柱根据基准柱用钢卷尺量测。安装连接螺栓时严禁在情况不明的情况下任意扩孔，连接板必须平整。一节柱的各层梁安装校正后，应立即安装本节柱范围内的各层楼梯，并铺好各层楼面的压型钢板，进行叠合楼板施工。每一流水段的全部构件安装、焊接、拴接完成并验收合格后，方可进行下一流水段钢结构的安装工作。

（6）剪力墙板的安装

装配式剪力墙板安装在钢柱和楼层框架梁之间，剪力墙板有钢制墙板和钢筋混凝土墙板两种。安装方法多采用下述两种。

① 先安装好框架，然后再装墙板。进行墙板安装时，先用索具吊到就位部位附近临时搁置，然后调换索具，在分离器两侧同时下放对称索具绑扎墙板，再起吊安装到位。此法安装效率不高，临时搁置尚须采取一定的措施，如图 4-29 所示。

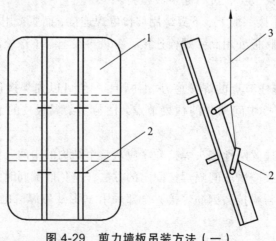

图 4-29　剪力墙板吊装方法（一）

1—墙板；2—吊点；3—吊索

② 先同上部框架梁组合，然后再安装。剪力墙板是四周与钢柱和框架梁用螺栓连接，再用焊接固定的，安装前在地面先将墙板与上部框架梁组合，然后一并安装，定位后再连接其他部位。组合安装效率高，是个较合理的安装方法，如图4-30所示。

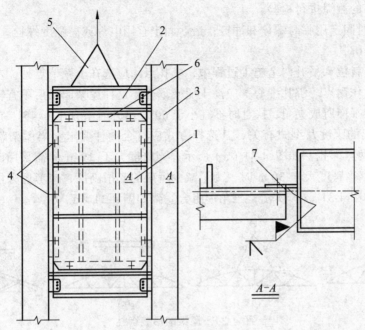

图 4-30　剪力墙板吊装方法（二）

1—墙板；2—框架梁；3—钢柱；4—安装螺栓；5—吊索；6—框架梁与墙板连接处
（在地面先组合成一体）；7—墙板安装时与钢柱连接部位

剪力支撑安装部位与剪力墙板吻合，安装时也应采用剪力墙板的安装方法，尽量组合后再进行安装。

4.4.4　屋架的吊装

屋盖结构一般是以节间为单位进行综合吊装，即每安装好一榀屋架，随即将这一节间的其他构件全部安装上去，再进行下一节间的安装。

屋架吊装的施工顺序是：绑扎、扶直就位、吊升、对位、临时固定、校正和最后固定。

（1）一般规定

① 钢屋架可用自行起重机（尤其是履带式起重机）、塔式起重机和桅杆式起重机等进行吊装。由于屋架的跨度、重量和安装高度不同，宜选用不同的起重机械和吊装方法。

② 屋架多作悬空吊装，为使屋架在吊起后不致发生摇摆和其他构件碰撞，起吊前在屋架两端应绑扎溜绳，随吊随放松，以此保持其正确位置。

③ 钢屋架的侧向刚度较差，对翻身扶直与吊装作业，必要时应绑扎几道杉杆，作为临时加固措施。

④ 钢屋架的侧向稳定性较差，如果起重机械的起重量和起重臂长度允许时，最好经扩大

拼装后进行组合吊装，即在地面上将两榀屋架及其上的天窗架、檩条、支撑等拼装成整体，一次进行吊装。

⑤ 钢屋架要检查校正其垂直度和弦杆的平直度。屋架的垂直度可用垂球检验，弦杆的平直度则可用拉紧的测绳进行检验。

⑥ 屋架临时固定用临时螺栓和冲钉；最后固定宜用电焊或高强度螺栓。

（2）钢屋架绑扎

屋架在扶直就位和吊升两个施工过程中，绑扎点均应选在上弦节点处，左右对称。绑扎吊索内力的合力作用点（绑扎中心）应高于屋架重心，这样屋架起吊后不宜转动或倾翻。绑扎吊索与构件水平面所成夹角，扶直时不宜小于 60°，吊升时不宜小于 45°，具体的绑扎点数目及位置与屋架的跨度及型式有关，其选择方式应符合设计要求。当屋架跨度小于或等于 19 m 时，采用两点绑扎，如图 4-31（a）所示；当跨度大于 19 m 时需采用四点绑扎，如图 4-31（b）所示，当跨度大于 30 m 时，为了减少屋架的起吊高度，应考虑采用横吊梁，以减小绑扎高度，如图 4-31（c）所示；三角形组合屋架如图 4-31（d）所示。

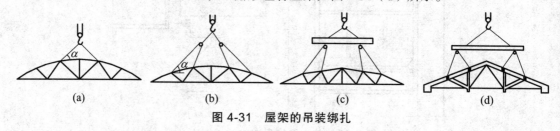

图 4-31　屋架的吊装绑扎

（3）钢筋混凝土屋架扶直与就位

如果设计中选用钢筋混凝土屋架或预应力混凝土屋架，一般屋架均在施工现场平卧叠浇。因此，这类屋架在吊装前需要扶直就位，即将平卧制作的屋架扶成竖立状态，然后吊放在预先设计好的地面位置上，准备起吊。

① 扶直。

根据起重机与屋架相对位置不同，屋架扶直有两种方式：正向扶直和反向扶直。

正向扶直是起重机位于屋架下弦一侧，扶直时屋架以下弦为轴缓缓转直，如图 4-32（a）所示。

反向扶直是起重机位于屋架上弦一侧，扶直时屋架以下弦为轴缓缓转直，如图 4-32（b）所示。

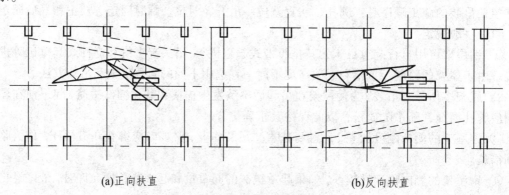

(a)正向扶直　　　　　　　　　　(b)反向扶直

图 4-32　屋架的扶直

扶直时先将吊钩对准屋架平面中心，收紧吊钩后，起重臂稍抬起使屋架脱模。若叠浇的屋架间有严重粘接时，应先用撬杠撬或钢钎凿等方法，使其上下分开，不能硬拉，以免造成屋架损破，因为屋架的侧向刚度很差。另外，为防止屋架在扶直过程中突然下滑而损坏，需在屋架两端搭井字架或枕木垛，以便在屋架由平卧转为竖立后将屋架搁置其上。

② 屋架就位。

无论钢屋架还是钢筋混凝土屋架，屋架就位分以下两种方式。

A. 按就位的位置不同，可分为同侧就位和异侧就位两种，如图 4-33 所示。

同侧就位时，屋架的预制（钢筋混凝土屋架）或排放（钢屋架）位置与就位位置均在起重机开行路线的同一边。异侧就位时，需将屋架由预制或排放的一边转至起重机开行路线的另一边就位。此时，屋架两端的朝向已有变动。因此，在预制或排放屋架前，对屋架就位位置应加以考虑，以便确定屋架两端的朝向及预埋件的位置问题。

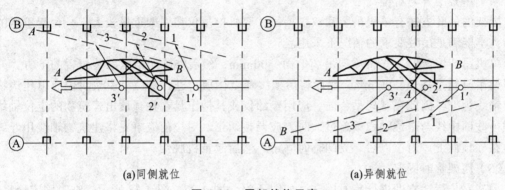

(a)同侧就位　　　　　　　　　　　(a)异侧就位

图 4-33　屋架就位示意

B. 按屋架就位的方式，可分为靠柱边斜向就位和靠柱边成组纵向就位，如图 4-34、图 4-35 所示。

屋架成组纵向就位时，一般在 4～5 榀为一组靠柱边顺轴线纵向就位。屋架与柱之间、屋架与屋架之间的净距大于 20 cm，相互之间用铅丝及支撑拉紧撑牢。每组屋架之间应留 3 m 左右的间距作为横向通道。

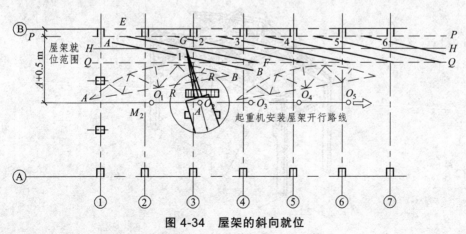

图 4-34　屋架的斜向就位

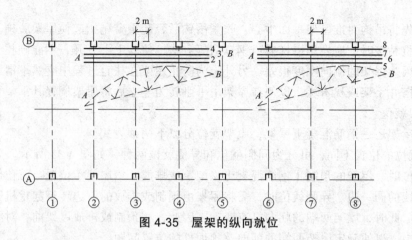

图 4-35 屋架的纵向就位

（4）屋架吊升与对位

屋架的吊升方法有单机吊装和双机抬吊，双机抬吊仅在屋架重量较大，一台起重机的吊装能力不能满足吊装要求的情况下采用。

单机吊装屋架时，先将屋架吊离地面 500 mm，然后将屋架吊至吊装位置的下方，升钩将屋架吊至超过柱顶 300 mm，然后将屋架缓降至柱顶，进行对位。屋架对位应以建筑物的定位轴线为准，因此在屋架吊装前，应用经纬仪或其他工具在柱顶放出建筑物的定位轴线。如柱顶截面中线与定位轴线偏差过大时，应调整纠正。对位前应事先将建筑物轴线用经纬仪投放在柱顶面上。对位以后，立即临时固定，然后起重机脱钩。

（5）屋架临时固定

屋架对位后，立即进行临时固定，如图 4-36、图 4-37、图 4-38 所示。临时固定稳妥后，起重机方可摘去吊钩。应十分重视屋架的临时固定，因为屋架对位后是单片结构，侧向刚度较差。第一榀屋架就位后，可用四根缆风绳从两边拉牢作临时固定，并用缆风绳来校正垂直度。当厂房有抗风柱并已吊装就位时，也可将屋架与抗风柱连接作为临时固定。第二榀屋架以及其后各榀屋架可用屋架校正器（工具式支撑）临时固定在前一榀屋架上，作临时固定。15 m 跨以内的屋架用一根校正器，19 m 跨以上的屋架用两根校正器。

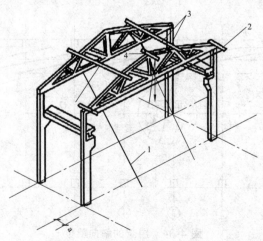

图 4-36 屋架的临时固定（一）

1—缆风绳；2—横杆；3—校正器；4—吊锤

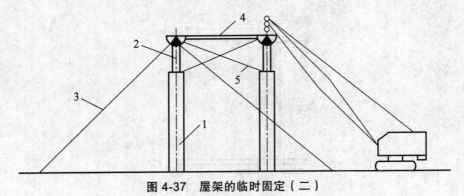

图 4-37　屋架的临时固定（二）

1—柱子；2—屋架；3—缆风绳；4—工具式支撑；5—屋架垂直支撑

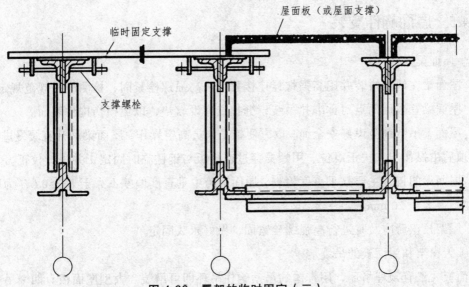

屋面板（或屋面支撑）

临时固定支撑

支撑螺栓

图 4-38　屋架的临时固定（三）

（6）屋架校正与最后固定

屋架的校正主要是垂直度的校正。可以采用经纬仪或垂球检查，用屋架校正器或缆风绳校正。采用经纬仪检查屋架垂直度时，在屋架上弦安装三个卡尺（一个安装在屋架中央，两个安装在屋架两端），自屋架上弦几何中心线量出 500 mm，在卡尺上作出标志。然后，在距屋架中线 500 mm 处的地面上，设一台经纬仪，用其检查三个卡尺上的标志是否在同一垂直面上。采用垂球检查屋架垂直度时，卡尺标志的设置与经纬仪检查方法相同，标志距屋架几何中心线的距离取 300 mm。在两端卡尺标志之间连一通长钢丝，从中央卡尺的标志处向下挂垂球，检查三个卡尺的标志是否在同一垂直面上，如图 4-39 所示。如有误差，可通过调整工具式支撑或绳索，并在屋架端部支承面垫入薄铁片进行调整。

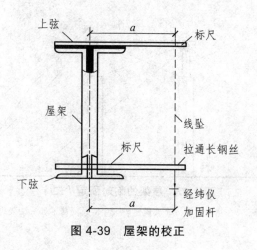

图 4-39 屋架的校正

4.4.5 屋面构件安装

（1）屋面梁安装

① 屋面梁在地面拼装并用高强螺栓连接紧固。高强螺栓紧固、检测应按规范规定进行。

② 屋面梁宜采用两点对称绑扎吊装，绑扎点亦设软垫，以免损伤构件表面。

③ 屋面梁吊装前应设好安全绳，以方便施工人员高空操作；屋面梁吊升宜缓慢进行，吊升过柱顶后由操作工人扶正对位，用螺栓穿过连接板与钢柱临时固定，并进行校正。

④ 屋面梁的校正主要是垂直度检查，屋面梁跨中垂直度偏差不大于 $H/250$（H 为屋面梁高），并不得大于 20 mm。

⑤ 屋架校正后应及时进行高强螺栓紧固，做好永久固定。

（2）天窗架和屋面板的吊装

屋面板一般有预埋吊环，用带钩的吊索钩住吊环即可吊装。大型屋面板有四个吊环，起吊时，应使四根吊索拉力相等，屋面板保持水平。为充分利用起重机的起重能力，提高工效，也可采用一次吊升若干块屋面板的方法。

屋面板的安装顺序，应自两边檐口左右对称地逐块铺向屋脊，避免屋架受荷不均匀。屋面板对位后，应立即电焊固定。

天窗架的吊装应在天窗架两侧的屋面板吊装后进行。其吊装方法与屋架基本相同。

（3）屋面（墙面）檩条安装

① 檩条安装前，对构件进行检查，构件变形、缺陷超出允许偏差时，进行处理。构件表面的油污、泥沙等杂物清理干净。

② 屋面和墙面檩条统一吊装，空中分散进行安装。同一跨安装完后，检测檩条坡度，须与设计的屋面坡度相符。檩条的直线度须控制在允许偏差范围内，超差的要加以调整。

4.5 平台、钢梯和防护栏吊装

4.5.1 钢直梯吊装安装

钢直梯的吊装安装有如下规定。

① 钢直梯应采用性能不低于 Q235A·F 的钢材。梯梁应采用不小于∟50 mm×50 mm 角钢或—6 mm×9 mm 扁钢。踏棍宜采用不小于 ϕ20 mm 的圆钢，间距宜为 300 mm 等距离分布。钢直梯每级踏棍的中心线与建筑物或设备外表面之间的净距离不得小于 150 mm。支撑应采用角钢、钢板或钢板组焊成 T 形钢，埋设或焊接时必须牢固可靠。

② 无基础的钢直梯，至少焊两对支撑，支撑竖向间距，不宜大于 3000 mm，最下端的踏棍距基准面距离不宜大于 450 mm。

③ 侧进式钢直梯中心线至平台或屋面的距离为 390～500 mm，梯梁与平台或屋面之间的净距离为 190～300 mm。

④ 钢直梯最佳宽度为 500 mm。由于工作面所限，攀登高度在 5.0 m 以下时，梯宽可适当缩小，但不得小于 300 mm。

⑤ 梯段高度超过 3.0 m 时应设护笼，护笼下端距基准面为 2.0～2.4 m，护笼上端高出基准面应与《固定式工业防护栏杆安全技术条件》（GB4053.3—2009）中规定的栏杆高一致。护笼直径为 700 mm，其圆心距踏棍中心线为 350 mm。水平圈采用不小于—40 mm×4 mm 扁钢，间距为 450～750 mm，在水平圈内侧均布焊接 5 根不小于—25 mm×4 mm 扁钢垂直条。

⑥ 梯段高不宜大于 9 m。超过 9 m 时宜设梯间平台，以分段交错设梯。攀登高度在 15 m 以下时，梯间平台的间距为 5～9 m；超过 15 m 时，每 5 段设一个梯间平台。平台应设安全防护栏杆。

⑦ 钢直梯上端的踏板应与平台或屋面平齐，其间隙不得大于 300 mm，并在直梯上端设置高度不低于 1 050 mm 的扶手。

⑧ 钢直梯全部采用焊缝连接，焊接要求应符合《钢结构工程施工质量验收规范》（GB 50205—2001）的规定。所有构件表面应光滑无毛刺。安装后的钢直梯不应有歪斜、扭曲、变形及其他缺陷。

⑨ 固定在平台上的钢直梯，应下部固定，其上部的支撑与平台梁固定，在梯梁上开设长圆孔，采用螺栓连接。钢直梯安装后必认真除锈并做防腐涂装。

4.5.2 固定钢斜梯吊装安装

依据《固定式钢斜梯安全技术条件》（GB 1053.2—2009）和《钢结构工程施工质量验收规范》（GB 50205—2001），固定钢斜梯的安装规定如下。

① 不同坡度的钢斜梯，其踏步高 R、踏步宽 t 的尺寸如表 4-1 所示，其他坡度按直线插入法取值。

表 4-1　钢斜梯踏步尺寸

α	30°	35°	40°	45°	50°	55°	60°	65°	70°	75°
R/mm	160	175	195	200	210	225	235	245	255	265
t/mm	290	250	230	200	190	150	135	115	95	75

② 常用的坡度和高跨比（$H:L$）如表 4-2 所示。

图 4-2　钢斜梯常用的坡度和高跨比

坡度 α	45°	51°	55°	59°	73°
高跨比 $H:L$	1:1	1:0.9	1:0.7	1:0.6	1:0.3

③ 梯梁钢材采用性能不低于 Q235A·F 钢材。其截面尺寸应通过计算确定。踏板采用厚度不得小于 4 mm 的花纹钢板，或经防滑处理的普通钢板，或采用山—25 mm × 4 mm 扁钢和小角钢组焊成的格子板。

④ 立柱宜采用截面不小于∟40 mm × 40 mm × 4 mm 角钢或外径为 30 ~ 50 mm 的管材，从第一级踏板开始设置，间距不宜大于 1 000 mm，横杆采用直径不小于 16 mm 圆钢或—30 mm × 4 mm 扁钢，固定在立柱中部。

⑤ 梯宽宜为 700 mm，最大不宜大于 1 100 mm，最小不得小于 600 mm。梯高不宜大于 5 m，大于 5 m 时，宜设梯间平台，分段设梯。

⑥ 扶手高应为 900 mm，或与《固定式工业防护栏杆安全技术条件》（GB4053.3—2009）中规定的栏杆高度一致，采用外径为 30 ~ 50 mm，壁厚不小于 2.5 mm 的管材。

⑦ 钢斜梯应全部采用焊缝连接。焊接要求符合《钢结构工程施工质量验收规范》（GB 50205—2001）的规定。所有构件表面应光滑无毛刺，安装后的钢斜梯不应有歪斜、扭曲、变形及其他缺陷。钢斜梯安装后，必须认真除锈并做防腐涂装。

4.5.3　平台、栏杆安装

平台钢板应铺设平整，与承台梁或框架密贴、连接牢固，表面有防滑措施。栏杆安装连接应牢固可靠，扶手转角应光滑，梯子、平台和栏杆宜与主要构件同步安装。依据《钢结构工程施工质量验收规范》（GB 50205—2001）的规定，平台、梯子和栏杆安装的允许偏差应符合如表 4-3 所示要求。

图 4-3　钢平台、钢梯和防护栏杆安装的允许偏差

项　目	允许偏差/mm	检验方法
平台高度	+15.0	用水准仪检查
平台梁水平度	$l/1000$ 且不应大于 20.0	用水准仪检查
平台支柱垂直渡	$H/1000$ 且不应大于 15.0	用经纬仪或吊线和钢尺检查
承重平台梁侧向弯曲	$l/1000$ 且不应大于 10.0	用拉线和钢尺检查
承重平台梁垂直度	$h/1000$ 且不应大于 10.0	用吊和钢尺检查
直梯垂直度	$l/250$ 且不应大于 15.0	用吊和钢尺检查
栏杆高度、栏杆立柱间距	+15.0	用钢尺检查

4.6　钢结构吊装安全措施

钢结构吊装安装施工时，重点从以下方面做好安全措施防范工作。

① 攀登和悬空作业人员，必须经过专业培训及专业考试合格，持证上岗，并必须定期进行专业知识考核和体格检查。

② 根据工程特点，在施工以前要对吊装用的机械设备和索具、工具进行检查，如不符合安全规定不得使用。

③ 现场用电必须严格执行 GB 50194—93、JGJ 46—2005 等的规定，电工须持证上岗。使用电气设备和化学危险物品，必须符合技术规范和操作规程，严格防火措施、确保安全，禁止违章作业。

④ 起重机的行驶路线必须坚实可靠，起重机不得停置在斜坡上工作，也不允许两个履带板一高一低。塔式起重机应安有起重量限位器、高度限位器、幅度指示器、行程开关等，防止安全装置失灵而造成事故。过大的风载会造成起重机倾覆，工作完毕轨道两端设夹轨钳，遇有台风警报，塔式起重机应拉好缆风。使用塔式起重机或长吊杆的其他类型起重机时，应有避雷防触电设施。

⑤ 各种起重机严禁在架空输电线路下面工作，在通过架室输电线路时，应将起重臂落，并确保与架空输电线的垂直距离，严禁带电作业。群塔作业，两台起重机之间的最小距离，应保证在最不利位置时，任一台的起重臂不会与另一台的塔身、塔顶相碰，并至少有 2 m 的安全距离；应避免两台起重臂在垂直位置相交。

⑥ 严禁超载吊装，严禁歪拉斜吊；要尽量避免满负荷行驶，构件摆动越大，超负荷就越

多，就可能发生事故。双机抬吊，要根据起重机的起重能力进行合理的负荷分配（每台起重机的负荷不应超过其安全负荷的90%），并在操作时要统一指挥。

⑦ 进入施工现场必须戴安全帽，高空作业必须戴安全带，穿防滑鞋。

⑧ 吊装作业时必须统一号令，明确指挥，密切配合。

⑨ 高空操作人员使用的工具及安装用的零部件，应放入随身佩带的工具带内，不可随便向下丢掷。在高空用气割或电焊切割时，应采取措施防止割下的金属或火花落下伤人。施工中对高空作业的安全技术措施，发现有缺陷和隐患时，应及时解决；危及人身安全时，必须停止作业。

⑩ 钢构件应堆放整齐牢固，防止构件失稳伤人。

⑪ 要搞好防火工作，氧气、乙炔要按规定存放使用。电焊、气割时要注意周围环境有无易燃物品后再进行工作，严防火灾发生。氧气瓶、乙炔瓶应分开存放，使用时要保持安全距离，安全距离应大于10 m。

⑫ 在施工前应对高空作业人员进行身体检查，对患有不宜高空作业疾病（心脏病、高血压、贫血等）的人员不得安排高空作业。为防止高处坠落，操作人员在进行高处作业时必须正确使用安全带。

⑬ 施工前应与当地气象部门联系，了解施工期的气象资料，提前做好防台风、防雨、防冻、防寒、防高温等措施。做好防暑降温、防寒保暖和职工劳动保护工作，合理调整工作时间，合理发放劳动用品。

⑭ 雨雪天气尽量不要进行高空作业，如需高空作业则必须采取必要的防滑、防寒和防冻措施，对于水、冰、霜、雪均应及时清除。遇6级以上强风、浓雾等恶劣天气，不得进行露天攀登和悬空高处作业。

⑮ 基坑周边、洞口、无外脚手架的屋面、梁、吊车梁、拼装平台、柱顶工作平台等处应设临边防护栏杆。防护栏杆具体做法及技术要求，应符合《建筑施工高处作业安全技术规范》（JGJ 80—91）有关规定，必要时铺设安全网。

⑯ 钢柱安装登高时，应使用钢挂梯或设置在钢柱上的爬梯。钢柱安装时应使用梯子或操作台。登高安装钢梁时，应视钢梁高度，在两端设置挂梯或搭设钢管脚手架。

⑰ 施工时尽量避免交叉作业，如不得不交叉作业时，不得在同一垂直方向上操作，下层作业的位置必须处于依上层高度确定的可能坠落范围之外，不符合上述条件的应设置安全防护层。

实训 4

1. 钢结构安装吊装前准备工作有哪些内容？
2. 简述单层钢结构安装程序。
3. 简述钢柱安装工艺。

4. 钢柱校正要做的三件工作是什么？

5. 简述钢屋架安装工艺。

6. 简述框架梁、刚架柱安装工艺。

7. 钢结构测量验线主要工作内容是什么？

8. 简述多层与高层钢结构吊装顺序。

9. 高层钢结构施工的工艺要求有哪些？

10. 通过网上查阅近期有关钢结构方面的信息，了解目前国内钢结构生产厂家的情况，选出其中两家，分别写出其情况的简要介绍。

5 装配式建筑吊装技术方案的编制

5.1 装配式建筑吊装技术方案的重要性

吊装技术方案是针对吊装作业编制的专项施工方案，在确保实现工程进度、质量、安全和经济目标等方面起着至关重要的作用，主要体现在以下几个方面。

（1）吊装技术方案是指导吊装工程的重要技术文件

施工前，专业吊装技术人员根据工程特点、现场条件、相关标准和企业施工经验等诸方面因素，对数个备选方案比较遴选，确定执行方案后，进一步对方案优化。要求从吊装前的技术、现场、机械装备和人员准备工作，吊装过程的工序划分与衔接，被吊设备（结构）的受力及姿态检测与控制，吊装实施过程和现场调度管理，以及对事故的防范和抢险措施等，都必须进行充分的论证、分析和计算。方案完成后按文件管理程序审核和批准，报送监理和建设单位确认；重要的非常规吊装工程，还需通过专家论证会的论证。因此，吊装技术方案是用于指导大型设备（结构）吊装的实施性技术及工艺文件，是技术人员向作业人员技术交底和作业人员实施操作的最主要依据。

（2）吊装技术方案对吊装过程的风险控制具有重要作用

大型设备（结构）吊装具有潜在事故诱因多的不利特点。吊装技术方案虽然对吊装过程的不安全因素进行了分析与评估，并对吊装系统、设备、部件和节点进行了强度、刚度和稳定性的力学计算，防止出现不安全状态，但这主要是从硬件设施方面的防范。在吊装过程中，任何一个环节的疏忽大意，均可能导致重大事故的发生。吊装技术方案还应针对人的不安全因素和环境可能的突变进行风险测评，制定详细的安全保证措施。吊装技术方案针对吊装过程各重要技术工艺环节设定的风险防范检查点和控制点，是操作人员风险防范自检和 HSE 管理人员专检的重要依据。对各风险防范检查点和控制点执行严格的检查、排除、验收制度，防控作业人员不安全行为的发生，使吊装过程符合方案制定的工艺程序并保证各工艺环节工作质量达到设计要求，这是防止工作遗漏、排除风险隐患及防范事故发生的重要保证。

（3）吊装技术方案是实行施工项目科学管理和成本控制的重要依据

根据吊装技术方案设计的工艺流程绘制反映工序安排的网络图和工作进度的横道图，可以在施工过程中根据施工进度的偏差，有针对性地实行人员调度和资源分配，对不利因素造成的施工过程变化和工期延误进行调整修正，以实现科学的施工过程动态管理。

施工预算需根据吊装技术方案编制，工期成本优化需要与吊装技术方案的优化协调进行。

吊装技术方案所执行的网络图和横道图，也是工程费用进度实时控制的比较依据。因此，吊装技术方案在施工项目管理和成本控制中起着至关重要的作用。

（4）吊装技术方案是企业重要的技术积累和宝贵财富

对任何建筑工程而言，施工技术方案都是必须整理归档的重要工程资料。工程技术资料是企业技术能力传承的载体、是企业技术发展的基石，通过技术积累可避免再次发生以往出现的错误。技术积累和促进创新将越来越被重视，是推动建安企业资质升级的一项重要工作。

由于大型结构吊装的特殊性，施工单位在编制吊装技术方案时会投入大量人力，针对整个吊装工程中所涉及的实体硬件，包含大型起重吊装设备选用、细部吊点、吊耳的设计以及被吊设备（结构）吊装过程的受力状态等，进行了翔实的数据记录及大量的分析、计算，并运用力学与数学方法验证，这些都是促进企业形成新工法和交流新技术的重要资料。吊装工程中采用成熟的技术，是前人成果的成功使用，大量创新技术的数据便于企业进一步总结、提炼、提高，是极其宝贵的技术财富。

综上所述，吊装技术方案是完成起重吊装任务的核心，是整个吊装作业策划的结果正确合理选择吊装方法、优化吊装方案是保证起重吊装作业安全顺利进行的关键。在实施中，应从安全、科学、成本、工期、环境、技术管理能力等多方面综合考虑，严格执行有关的标准、规程和规范。

5.2 装配式建筑吊装技术方案编制程序及主要内容

5.2.1 装配式建筑吊装方案概述

装配式建筑吊装方案应由专业技术人员负责编制。编制人员在制定吊装方案之前，应该针对与吊装有关的各种因素进行调研，允分熟悉吊装作业的安全规程和技术规范，全面收集和熟悉相关的图纸和技术资料，熟悉现场的环境、吊装的机具及作业人员的基本情况。在此基础上，组织施工、安全、设备等管理部门人员应首先进行多次认真讨论，听取各种意见与建议，通盘考虑各种因素，然后再进行编写。吊装方法的选择与方案的编写，要有理有据，切忌闭门造车、凭经验办事。只有调查清楚全面的情况之后，才能编制出经济可行的吊装方案。

常用的吊装方法有塔式起重机吊装、桥式起重机吊装、汽车起重机吊装、履带起重机吊装、桅杆系统吊装、缆索系统吊装、液压提升、利用构筑物吊装、坡道法提升等。每一种吊装方法都存在技术局限性，科学的选择吊装方法应遵循以下原则。

（1）技术可行性分析

进行方案的技术可行性论证，主要根据设备的形状、尺寸、质量等参数为主要条件，结合吊装场地的作业环境和吊装机械的能力等方面选择可采用的工艺方法，继而从多方面进行可行性比较，从中优选。选择时应以安全为前提，以技术可靠、工艺成熟、经济适用、因地制宜为基础，再兼顾其他情况。

（2）安全性分析

吊装工作，安全第一。必须结合具体情况，对每一种技术可行的方法从技术上进行安全分析和比较，找出不安全的因素及其解决的办法，并认真分析这些解决办法的可靠性。安全性分析主要包括质量安全（设备或构件在吊装过程中的变形、破坏）和人身安全（造成人身伤亡的重大事故）两方面。吊装工艺复杂的大型设备（构件）时，从起吊开始到安全就位，需经历数个吊装步骤解决道道技术难关，诸多环节和变化着的条件都是危及吊装安全的因素。因此，必须以科学的态度对待吊装方案的编制，在吊装工艺方法、起重设备的选型和能力核算、吊装安全技术措施的选用等几个关键问题上、必须达到安全可靠、科学合理并且有效实用的目的。

（3）进度分析

在实际施工中，吊装工作往往制约着整个工程的进度。不同的吊装方法，施工需要的工期不同，必须对不同的吊装方法进行进度分析，所采用的方法不能影响整个项目的工期。一般情况下科学的组织吊装施工可缩短工期，例如采用科学先进的吊装工艺方法、使用机械化程度高的吊装机械设备、利用已有的各种条件、减少吊装机械的使用量等。使用大型高效的吊装机械、虽然会提高吊装效率、缩短工期，但会增加吊装成本。因此要对可能缩短的工期和增加的机械使用费进行权衡对比。

（4）成本分析

以较低的成本完成工程，获取合理利润，是工程建设的目的。因此，必须对安全和进度均符合要求的吊装方案进行最低成本核算，选择其中成本较低的吊装方法。但是要注意，决不允许为降低成本而采用安全性不好的吊装方法。

5.2.2 装配式建筑吊装方案编写依据

吊装方案的编写依据包括以下内容：

① 国家有关法规、有关施工标准、规范、规程、如《建筑施工起重吊装工程安全技术规范》JGJ2762012、《起重机钢丝绳保养、维护、安装、检验和报废》等、它们对吊装工程提出了技术要求。

② 施工组织总设计（施工组织设计）或吊装规划、它们对吊装工程提出了安全、进度、质量等要求。

③ 工程技术资料。主要包括被吊装设备（构件）的设计图、设备制造技术文件、设备及工艺管道平、立面布置图、施工现场地质资料及地下工程布置图、设备基础施工图、相关专业（梯子平台、保温等）施工图、设计审查会文件等。

④ 施工现场条件。设备（构件）进入吊装场所需经过的道路情况、如等级、宽度、弯道半径、耐压力等。如在露天作业，应掌握作业场地的耐压力、地下埋设的地沟、管道、电缆

等情况。

⑤ 机具情况及技术装备能力。包括自有的和租赁的机具情况、以及租赁的价格、机具进场的道路和桥涵情况等；有关起重机械的台班费、租赁费、机械使用费（取自施工图预算）、有关的人工和材料消耗定额等。

⑥ 设备到货计划等。

5.2.3 装配式建筑吊装方案主要内容

在做好前期充分的技术准备和调研后，就可以进行结构物的"吊装规划"和"吊装方案"的编制作了。吊装方案的编制应包括以下内容：

（1）编制说明与编写依据

编制说明与编写依据为所参考国家标准、行业标准及地方标准，以及相关法律法规，一一罗列即可。

（2）工程概况

该部分主要介绍整个方案的总体情况，要求反映出以下内容：

① 工程的规模、地点、施工季节、业主、设计者、制造单位等；

② 现场环境条件、现场平面布置；

③ 设备（构件）的到货形式、工艺作用、工艺特点、特征、几何形状、尺寸、重量、重心等；

④ 机具情况、工人技术状况：有关起重吊装方面的工程技术人员、吊装指挥人员、起重技术工人的情况；

⑤ 执行的国家法律、法规、规范、标准等，要特别注意规范中的强制性条文；

⑥ 方案中所有的原始数据。

（3）吊装工艺设计

主要包括以下内容：

① 设备（构件）吊装工艺方法概述与吊装工艺要求。影响吊装方法的因素主要有被吊设备与吊装有关的参数、吊装现场条件和大型施工机具，这三者之间相辅相成。因此要全面兼顾、合理选用适宜的吊装方法；

② 吊装参数表，主要包括设备规格尺寸、金属总重量、吊装总重量、重心标高、吊点方位及标高等。若采用分段吊装，应注明设备分段尺寸、分段重量；

③ 起重吊装机具选用、机具安装拆除工艺要求以及吊装机具、材料汇总表；

④ 设备支、吊点位置及结构设计图，设备局部或整体加固图。

（4）设备（或构件）吊装图

设备（或构件）吊装图是吊装方案的重要组成部分，可直观地指导吊装作业。一般根据土建施工图、设备安装图、设备各项参数、已确定的吊装工艺方法、已选定的吊装机械和机索具等进行绘制。吊装图主要包括吊装平面布置图、设备吊装立面和平面图、技术方法图、技术措施图和受力分析计算简图等。图的数量和详细程度取决于吊装工艺方法和吊装技术的难易程度，一般以能表达主要的吊装瞬间、解决吊装难点、指导吊装作业为准，不必强求一致。

① 吊装平面布置图。

以设计单位的车间或区域平面图为基础，舍去与吊装无关的细节和尺寸，按比例绘制出吊装作业场地及有关区域内的建筑物、构筑物、道路、地形、地下埋设（暗沟管道、电缆）等。按已知的数据和条件，合理布置主吊机械和其他机索具的平面位置，并规定设备（构件）的进场路线、预组装场地和应达到的待吊位置。吊装平面布置图一般以单线条示意法绘制，但各组成要素的位置和尺寸应正确。图中应标有与吊装有关的内容：

A. 设备的安装位置；

B. 设备的进场路线，到待吊装位置的方向和顺序；

C. 解体供货设备（构件）的组装场地；

D. 主吊机械的站位、移动路线和方法；

E. 卷扬机的布置；

F. 缆风绳和锚锭布置图；

G. 吊装指挥人员的工作位置；

H. 各种临时设施的位置；

I. 方位标志等。

② 吊装立面布置图。

吊装立面布置图表示吊装机械和被吊设备的相对位置、吊装方式和吊装过程。一般以试吊前的待吊状态为原始位置，再绘制最大受力瞬间、吊装阶段转换的瞬间和设备就位时等几个待定位置的情况。如用桅杆双转法吊装塔器类设备，要绘制待吊位置（也是受力最大瞬间）、桅杆脱杆时、塔体开始自倾时和直立就位时的情况。采用的部分吊装数据值，应以计算结果为准。

③ 技术方法图和技术措施图。

在吊装中采取与常规有别的措施或方法时，可绘制技术方法图和技术措施图，即以图的形式说明方法和措施的内容。主要分为两类，一是加工制造类，如吊具、吊梁、回转铰链、临时端梁、特种托座等应按机械图和结构图的要求绘制；另一种是采用示意方法表示，如滑轮组的穿绕方法、多吊索的平衡方法等。

④ 受力分析简图。

受力分析（计算）是设备（构件）吊装方案的重要内容之一。根据受力分析计算简图和有关的计算公式，计算吊装机械及其稳定系统的受力值，进而选择吊装机械的能力和其他索具的规格。在吊装中，吊装机械、被吊设备、地面、基础均处于受力状态，其各施力点的受力值将随着被吊设备位置的不同而变化，但力系中各力会随时处于平衡状态。为保证吊装系统的稳定，吊装机械的起重能力应大于被吊设备施加给它的最大荷载，并应留有一定的安全裕度。受力计算时应按照不同的吊装工艺方法，分析力系中各力之间的关系，确定最大受力瞬间的位置（如扳转法的起扳位置、滑移法的脱排位置、吊车在一定臂杆长度时的最大工作幅度位置、倒装法的最后一次吊升等），并绘制受力分析计算简图。

本项是整个吊装方案的核心，虽不直接面对施工工人，但它是方案审查的依据。计算中的每一个数据都必须有根据，来源清楚、可靠。

（5）施工步骤与工艺岗位分工

在施工步骤中，必须详细写明吊装工艺的每一个施工步骤，以及该步骤的技术要求、操作要领和注意事项。在工艺岗位分工中，应明确每一个参加吊装施工的人员的岗位任务与职责，做到施工有序。

（6）安全保证体系及措施

编制安全技术措施，必须针对方案中的每一个吊装工艺细节进行危险性分析。同时，在吊装工程安全操作规程中，与吊装方案有关的部分也应该加入。设备（构件）吊装中采用的安全措施内容多且广，以下主要强调几个方面：

① 因吊装工艺需要而自行设计和制作的起重机具，如吊梁、吊耳、特形吊具、回转铰链等应经过正规的设计，进行强度检验等计算，按加工工艺要求制作并达到有关的质量标准，完成后必须进行超负荷试验，合格后才能使用。

② 对新设计制造的或长期闲置未用的起重机具应通过试验以确定其容许使用负荷其试验项、方法和标准应符合有关规定。

③ 对保证设备吊装安全的一些重要数据和状态必须进行检测，如桅杆的垂直度和挠度，主缆风绳的受力值、锚锭的稳定性，电动卷扬机电动机的电流值、自行式起重机吊钩的受力值及整机的稳定状态等。

④ 结合该项设备吊装的特点，重点突出的提出一些安全措施，如露天吊装中雷雨季节的防雷接地措施、沿海多风季节的防飓风措施、有触电危险时的停电措施、气顶法中的安全支柱措施和预防停电措施等。

⑤ 保护与设备吊装有关的建筑物的措施。如采用车间混凝土柱根部作锚锭时，其缆风绳应在采用木方等保护后再捆绑在柱子上；在建筑物附近吊装设备时，应采取防护措施，以免设备撞损建筑物；在无法避免卷扬机牵引绳与建筑物接触时，其摩擦处也应采取防护措施等。

⑥ 为直观的测量一些重要吊装参数而采取的措施。如测力，在主要受力绳索上安装测力计，测量力的大小和变化情况；在扳吊塔类设备时，应在塔上或桅杆上（双转法）安装角度指示器，测量扳起的角度，这对提前采取措施控制自倾速度极为必要。

（7）质量保证体系及措施

质量保证体系及措施主要包括质量目标、质量保证体系、质量保证措施三个方面。需根据工程实际情况，做到详细、明确、简练，使整个施工过程的工艺方法、质量控制和检验规定有据可查。

（8）进度计划

吊装进度计划一般采用横道图或网络图方式表示。横道图绘制简单、直观易读，且容易修改；网络图科学严密，能更好地反映吊装工序的衔接和与相关专业的配合要求。

安装进度计划的编制应按照以下步骤进行：

① 根据有关资料和设备实际到货情况，初步规划三个阶段的控制工期，即准备阶段安装和吊装阶段、收尾和试运转阶段，在规划每个阶段的工期时应留有裕度。

② 按吊装方案中的吊装工艺方法，划分吊装工序和安装工序。大型设备各部件的组装顺序常由设备的结构特点而定，一般不允许变更。虽然吊装工序应服从安装工序，但有时也会因吊装工艺方法的差异和使用吊装机械的不同而改变安装顺序。

（9）资源配置计划

资源配置计划包括劳动力配置计划、施工机具计划、材料与设备计划等。

① 劳动力配置计划。

在确定劳动组织和劳动分工后，按吊装进度的工期和工序划分项目，计算每个工序所需要的劳动量，继而定出各工序的起重工、钳工、电工、气电焊工、吊装机械司机和力工的数量。

对于吊装工期长、耗工较多的吊装工程，可视需要把劳动力配置计划绘制成图表的形式，这样可形象地表示劳动力需要情况和高峰值。绘制图表时，横坐标表示工期，纵坐标表示需要人数，各工种需要量叠加在一起。如图 5-1 所示为两台机械同时安装所需劳动力配置计划图表。

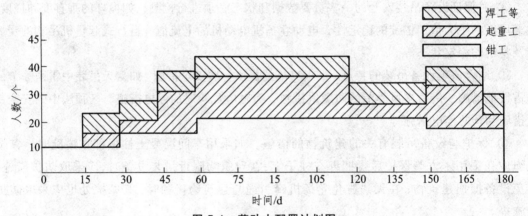

图 5-1　劳动力配置计划图

② 施工机具计划。

施工机具计划一般可设以下栏目：序号、名称、规格型号、单位、数量、质量、备注等。

③ 材料与设备计划。

吊装工程中应编制材料与设备需用计划，主要是钢材和木材。如设备组装用的钢平台材料——钢板、型钢（或钢轨）、枕木等；设备运输需要的枕木、无缝钢管等；锚锭用的木材；制作吊具、铰链等措施用的钢材等。

（10）吊装应急预案

应急预案包括应急小组、应急资源和应急程序等。不同工程项目吊装技术方案的编制要求、侧重点和编制深度不同，但编制格式类似。

实训 5

1. 为什么说装配式建筑吊装方案在确保实现工程进度、质量、安全和经济目标等方面起着至关重要的作用？
2. 装配式建筑吊装方案的主要内容有哪些？
3. 装配式建筑构件吊装图包含哪些内容？
4. 装配式建筑吊装方案的资源配置计划包含哪些内容？

参考文献

[1] 宋亦工. 装配整体式混凝土结构工程施工组织管理[M]. 北京：中国建筑工业出版社，2017.

[2] 胡建琴. 钢结构施工技术[M]. 北京：化学工业出版社，2016.

[3] 任晓. 钢结构施工组织设计[D]. 成都：西南财经大学硕士学位论文，2014.

[4] 史慧. 施工组织设计对钢结构工程项目成本的影响研究[D]. 郑州：郑州大学硕士学位论文，2016.

[5] 钮鹏. 装配式钢结构设计与施工[M]. 北京：清华大学出版社，2017.

[6] 历光大. 装配式混凝土结构在住宅产业化中的应用研究[D]. 北京：北京建筑大学硕士论文，2016.

[7] 注册建造师继续教育必修课教材编写委员会. 建筑工程[M]. 北京：中国建筑工业出版社，2012.

[8] 全国建筑业企业项目经理培训教材编写委员会. 施工组织设计与进度管理[M]. 北京：中国建筑工业出版社，2001.